钩针作品的镂空细节，如饰品般美丽

→ 19　No.15

→ 20　No.16

→ 21　No.17

→ 22　No.18

→ 23　No.19

→ 24　No.20

→ 25　No.21

→ 26　No.22

→ 27　No.23

→ 28　No.24

→ 29　No.25

→ 30　No.26

→ 30　No.27

→ 31　No.28

→ 31　No.29

本书中的作品，全部使用和麻纳卡手艺手编线，工具为和麻纳卡双头钩针。

享受自然色彩本身的愉悦

毛线本身为优质的天然材料，让人享受。
线材特有的自然色彩，也是其魅力之一。

No.1

七分袖的外套，是无论什么季节都很活跃的单品。V字排列的箭羽花样和来自自然的色彩匹配，营造出温柔的氛围。

设计/河合真弓
制作/松本良子
使用线材/和麻纳卡 SONOMONO（粗）
编织方法/36页

No.2

在简单的方眼编织中，增加拉针花样。侧边的开衩和偏长的版型，使它成为一款容易搭配的马甲。

设计/镰田惠美子
制作/小林知子
使用线材/ 和麻纳卡 SONOMONO SURI ALPACA
编织方法/33页

No.3

变化的枣形针花样与盖肩袖的版型，组合成这件可爱的毛衫。短款的长度搭配凉感明显的阔腿裤，效果最佳。

设计/铃木朝子
使用线材/和麻纳卡 SONOMONO（粗）
编织方法/39页

No.4

自带叠穿效果的设计，只要戴
上一顶帽子就能决定搭配。波
浪般的下摆花边，为毛衣增加
了优雅又灵动的风情。

设计/水原多佳子
使用线材/和麻纳卡 SONOMONO
HAIRY
编织方法/42页

No.5

仅更换颜色，就会使人产生完全不同的印象，这是无论体验多少次都依然很有趣的事情。去掉下摆的部分，作品更清爽利落。

设计/水原多佳子
使用线材/和麻纳卡 SONOMONO HAIRY
编织方法/42页

No.6

长针钩织的菱形图案小外套。
从上往下编织的舒适版型，不
需要处理线头，编织起来也不
费劲。敞开穿也很出众。

设计/武田敦子
制作/饭塚静代
使用线材/和麻纳卡 SONOMONO
ALPACA LILY
编织方法/46页

之字形的斜向切换编织花样，
用棒针编织会是个难题，但是
用钩针编织，只要按照图解进
行就没有问题。这是具有挑战
性的一件毛衫。

设计/原田佐代子
使用线材/和麻纳卡 SONOMONO
TWEED
编织方法/59页

爱上个性的钩织时间

各种各样的线材，个性突出的新颖设计，
找到新的发现和新的心动。

No.8

这款线材像羽毛一样轻盈，还可让人享受段染色的变化。披肩式的开衫结构，有丰富的穿搭方法。

设计/川路祐三子
制作/植田寿寿
使用线材/和麻纳卡 MOHAIR MEMOIR
编织方法/49页

No.9

育克的锁针花样整齐排列，这份通透感是手工编织独有的美。从上往下的编织结构，只要一圈一圈往下钩织就能完成。

设计/岸 睦子
制作/泽田美希
使用线材/和麻纳卡 纯毛中细
（GRADATION）
编织方法/52页

No.10

同样的设计，如果是单色的话，编织花样会更清晰地浮现出来，选择自己喜欢的颜色，尽情地享受吧。作品的编织方法让长度的调整变得简单。

设计/岸 睦子
制作/泽田美希
使用线材/和麻纳卡 纯毛中细
编织方法/52页

No.11
这是一条能够充分享受柔和的段染色的新月形披肩。用同色线制作扣子，活用编织花样的镂空位置作为扣眼，穿戴时固定住披肩。

设计/原田佐代子
使用线材/和麻纳卡 DINA
编织方法/ 56 页

No.12

多亏了渐变色线和连续编织技法的结合，这件作品少去了连编作品特有的线头处理，只要不断地编织下去，就能轻松获得美丽的配色，真是太棒了。

设计/金子祥子
使用线材/和麻纳卡 MOHAIR MEMOIR
编织方法/58页

这件交叉叶子花样毛衫的身片
为横向编织，从前身片连续编
织到后身片，色彩的层次感就
会以竖向的条纹呈现出来。

设计/家乡辉子
使用线材/和麻纳卡 DINA
编织方法/62页

No.14

纵向分布的交叉变化的枣形针
花样，是这件Y领背心的亮点。
即使是经典的版型，也会因为
横向编织而增添新的感觉，呈
现出新鲜的编织肌理。

设计/铃木朝子
使用线材/和麻纳卡 纯毛中细
编织方法/69页

哪怕搭配普通的衣服，镂空花样的若隐若现也能给人一种华丽、优雅的感觉。

No. **15**

能让穿着者发光的金银丝线作品。松编花样搭配狗牙针产生精致的通透感，搭配任何衣服都能提升衣品，高雅感十足。

设计/风工房
使用线材/和麻纳卡 AMERRY F
（LAME）
编织方法/65页

No.16

这是一件用金银丝线制作的连
接花片作品。两种形状的花片
组合，根据视点的不同，变化
成六角形、六边形和三叶形等
花样。

设计/岸 睦子
使用线材/和麻纳卡 AMERRY F
（LAME）
编织方法/74页

只有通过连接花片才能实现的
蕾丝镂空光影效果，即使不使
用金银丝线编织，也很有魅力。
跟上一款作品使用同一份图解，
换用同系列的线材来编织。

设计 / 岸 睦子
使用线材 / 和麻纳卡 AMERRY F（粗）
编织方法 / 74 页

No.18

这是一款个性的编织花样与蓬松的质感相得益彰的马甲。马海毛线虽然看似不好打理，但是这个线材可以机洗，所以不用害怕，开心地日常使用吧。

设计/原田佐代子
使用线材/和麻纳卡 MOHAIR
编织方法/77页

No.19

穿上华丽的织物，心情也会变得愉快，预感到有什么好事情在等着自己。小花朵般的变化的枣形针花样，排列成优雅的织片。

设计/武田敦子
制作/饭塚静代
使用线材/和麻纳卡 AMERRY F
（LAME）
编织方法/79页

极小的亮片为作品带来珠宝般
闪耀的光泽。菱形的叶子花样
像浮雕一样立体，让这件马甲
引人注目。

设计 / 松本惠衣子
使用线材 / 和麻纳卡 MOHAIR GLASS
编织方法 / 87 页

No.21

可以成为时尚亮点的花朵主题花片。花片采用一边钩织一边连接的方法，利用花片原有的形状自然形成边缘的曲线。

设计/河合真弓
制作/冲田喜美子
使用线材/和麻纳卡 AMERRY F（粗）
编织方法/90页

No.22

育克部分的花蕾花样，配合身片的花朵花样，有种从上往下依次绽放的美感。雅致的金银丝线，像朝霞一样闪闪发光。

设计/河合真弓
制作/松本良子
使用线材/和麻纳卡 AMERRY F （LAME）
编织方法/84页

No.23

鲜艳的色彩是活力的源泉。乍一看以为是大面积的花形，其实是将花片通过条状枣形针连接起来形成的。

设计/原田佐代子
使用线材/和麻纳卡 纯毛中细
编织方法/92页

No.24

这是一条花样与配色平衡得绝妙的围巾。令人惊讶的轻柔感，让人忍不住想把脸埋进去的柔软触感，让它成为在寒冷的天气外出时不可缺少的存在。

设计/冈 真理子
制作/内海理惠
使用线材/和麻纳卡 SONOMONO HAIRY
编织方法/95页

No.**25**

布满闪闪发光的小亮片，往肩颈一裹就充满气质。存在感十足的围巾，为搭配发挥重要作用。

设计/川路祐三子
制作/山本智美
使用线材/和麻纳卡 MOHAIR GLASS
编织方法/96页

No.26

蝴蝶结点缀的可爱帽子，和充满张力的丝绒线是绝配。帽檐的针法下点小功夫，形成有厚度的独特形状。

设计/早川靖子
使用线材/和麻纳卡 LUNA MOLE
编织方法/100页

No.27

既可以在寒冷的天气里陪你散步，也可以成为迅速遮盖凌乱发型的可靠伙伴。这顶帽子在长针的基础上增加了长短变化的花样。

设计/松田久美子
使用线材/和麻纳卡 DINA
编织方法/101页

[**本书用线一览**] ＊图片为实物粗细

① ② ③ ④ ⑤ ⑥ ⑦ ⑧ ⑨ ⑩ ⑪ ⑫ ⑬ ⑭ ⑮ ⑯

① 和麻纳卡 AMERRY F（LAME）
羊毛70%（新西兰美利奴羊毛），腈纶30%　30g/团　约127m/团
粗线　推荐针号4/0号　标准长针编织密度25针，11.5行
● 因色彩丰富而受欢迎的粗线，内含金银丝线。享受带有冲击感的奢华光泽之美。

② 和麻纳卡 AMERRY
羊毛70%（新西兰美利奴羊毛），腈纶30%　40g/团　约110m/团
中粗线　推荐针号5/0~6/0号　标准长针编织密度20~21针，9~9.5行
● 新西兰的美利奴羊毛和蓬松感十足的腈纶混纺，亲肤感好，弹性和保暖性出色。成品轻柔，色彩丰富。

③ 和麻纳卡 AMERRY F（粗）
羊毛70%（新西兰美利奴羊毛），腈纶30%　30g/团　约130m/团
粗线　推荐针号4/0号　标准长针编织密度25针，11.5行
● 因色彩丰富而受欢迎的粗线。符合钩针编织要求，可以钩出肌理漂亮的成品。

④ 和麻纳卡 MOHAIR GLASS
锦纶38%，腈纶34%，马海毛25%，涤纶3%　25g/团　约75m/团
中粗线　推荐针号6/0号　标准长针编织密度19针，9.5行
● 绒毛中镶嵌着亮片，是这款色泽高雅的马海毛混纺线的亮点。使用直径仅1mm的极小亮片，即使接触皮肤也不会让人感到不舒适。

⑤ 和麻纳卡 MOHAIR
腈纶65%，马海毛35%　25g/团　约100m/团
中粗线　推荐针号4/0号　标准长针编织密度19针，10行
● 由腈纶与高级马海毛以理想比例混纺而成，是马海毛线材的代表产品。

⑥ 和麻纳卡 MOHAIR MEMOIR
羊驼毛43%，腈纶28%，羊毛15%，马海毛14%　25g/团　约140m/团
中粗线　推荐针号5/0号　标准长针编织密度22针，10行
● 色彩鲜艳的美丽渐变色，以及马海毛的手感使它成为上等的优质线材。享受羊驼毛和马海毛混纺产生的质感吧。

⑦ 和麻纳卡 DINA
羊毛74%，羊驼毛14%，锦纶12%　40g/团　约128m/团
中粗线　推荐针号5/0号　标准长针编织密度20针，9.5行
● 奢侈地使用了羊驼毛，成就这款亲肤感出众的渐变色毛线。是可机洗的线材。

⑧ 和麻纳卡 纯毛中细
100% 羊毛　40g/团　约160m/团
中细线　推荐针号3/0号　标准长针编织密度25~26针，12~12.5行
● 因适合钩针编织而受欢迎的中细型毛线。纯色毛线，色彩丰富，易于配色。

⑨ 和麻纳卡 纯毛中细（GRADATION）
100% 羊毛　40g/团　约160m/团
中细线　推荐针号3/0号　标准长针编织密度25~26针，12~12.5行
● 经典的渐变色中细型毛线。可以编织出漂亮的成品。

⑩ 和麻纳卡 SONOMONO（粗）
羊毛100%　40g/团　约120m/团
粗线　推荐针号4/0号　标准长针编织密度23针，11行
● 大受欢迎的天然色系列毛线。适合钩针编织的平直毛线。

⑪ 和麻纳卡 SONOMONO ALPACA LILY
羊毛80%，羊驼毛20%　40g/团　约120m/团
粗线　推荐针号8/0号　标准长针编织密度16针，9行
● 空气感十足的轻柔线材，是可以编织出温暖成品的粗线。不仅适合编织毛衣，也适合编织与颈部皮肤接触的物件。

⑫ 和麻纳卡 SONOMONO SURI ALPACA
100% 羊驼毛（使用苏瑞羊驼毛）　25g/团　约90m/团
中细线　推荐针号3/0号　标准长针编织密度27针，12行
● 由两种羊驼毛（一般的羊驼毛和与马海毛光泽感和轻柔感相似的苏瑞羊驼毛）混纺而成的柔软线材。是顺滑感和光泽感兼具的优质毛线。

⑬ 和麻纳卡 SONOMONO HAIRY
羊驼毛75%，羊毛25%　25g/团　约125m/团
中粗线　推荐针号6/0号　标准长针编织密度19针，9行
● 由羊驼毛起毛加工而成的发丝状毛线。轻柔、保暖，手感良好。

⑭ 和麻纳卡 SONOMONO TWEED
羊毛53%，羊驼毛40%，其他（使用牦牛毛和骆驼毛）7%　40g/团　约110m/团
中粗线　推荐针号5/0号　标准长针编织密度20针，9行
● 混合了牦牛毛和骆驼毛，是自然又轻柔的花呢线。

⑮ 和麻纳卡 PICCOLO
腈纶100%　25g/团　约90m/团
中细线　推荐针号4/0号　标准长针编织密度24针，11.5行
● 适合小物件和玩偶的100% 腈纶手编线。享受丰富的配色乐趣。

⑯ 和麻纳卡 LUNA MOLE
涤纶100%　50g/团　约70m/团
极粗线　推荐针号7/0号　标准长针编织密度13针，7行
● 湿润的光泽和亲肤的手感是这款丝绒线的魅力所在。从毛衣到小物，可钩织的范围很广。

作品的编织方法

No.**2**
p.4

准备材料▶ 和麻纳卡 SONOMONO SURI ALPACA 灰色〔82〕340g/14团

使用工具▶ 钩针3/0号、4/0号

成品尺寸▶ 胸围96cm，衣长60.5cm，连肩袖长25.5cm

编织密度▶ 10cm×10cm 面积内：编织花样A 26.5针，15行；编织花样B 26.5针，13行

编织要点▶身片 编织锁针起针，做编织花样A。接下来做编织花样B，袖窿无须做加减针。肩部、领口的减针参照图解。**组合** 肩部做卷针缝缝合，两胁钩织引拔针和锁针接合。前、后身片的下摆连续起来，沿着编织花样A 钩1行短针；领子、袖口按边缘花样环形编织。

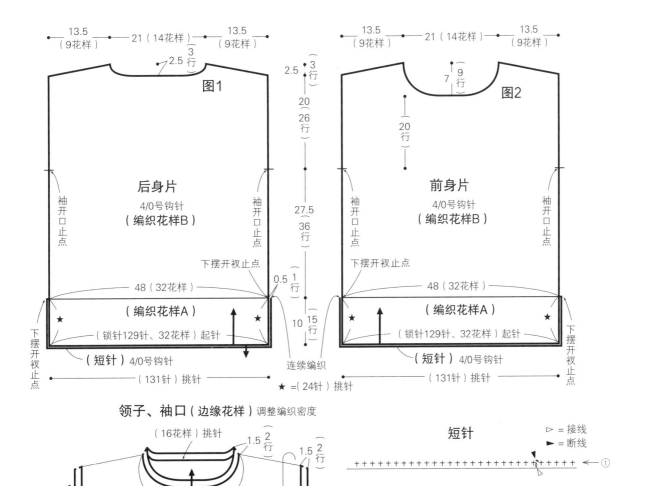

领子、袖口（边缘花样）调整编织密度

短针 ▷ = 接线　► = 断线

边缘花样
← ② 4/0号钩针
← ① 3/0号钩针
1花样

后身片 4/0号钩针（编织花样B）
前身片 4/0号钩针（编织花样B）

图1　图2

13.5（9花样）　21（14花样）　13.5（9花样）

（编织花样A）
（锁针129针、32花样）起针
（短针）4/0号钩针
48（32花样）
（131针）挑针
★=（24针）挑针

※ 本书编织图中表示长度的未标注单位的数字均以厘米（cm）为单位

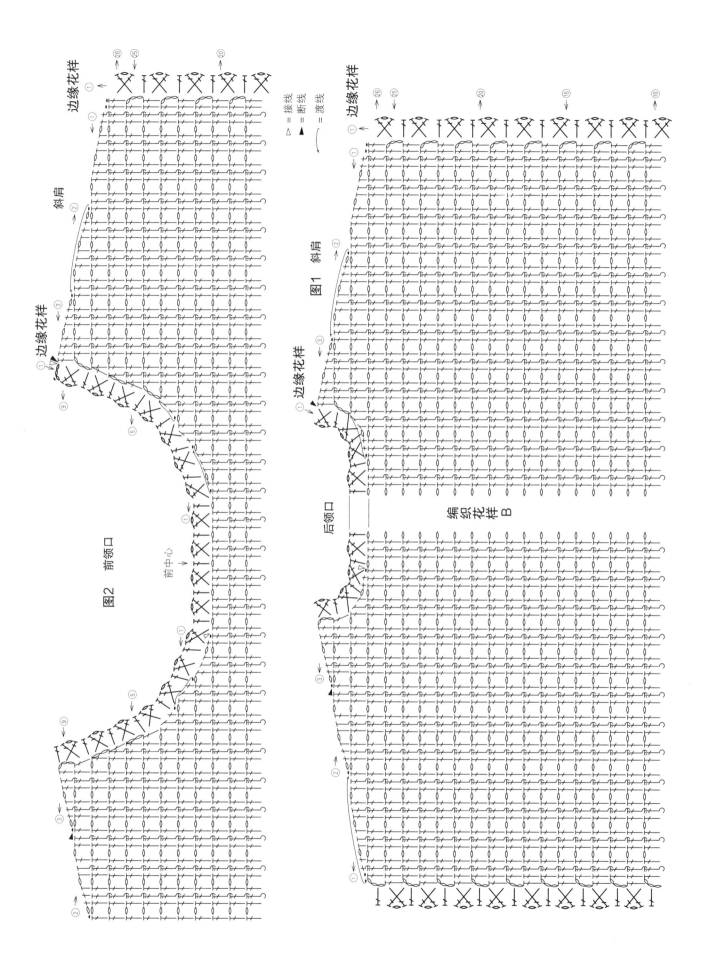

边缘花样

斜肩

图2　前领口

边缘花样

前中心

△ = 接线
▲ = 断线
⌢ = 渡线

边缘花样

斜肩

图1

后领口

编织花样B

边缘花样

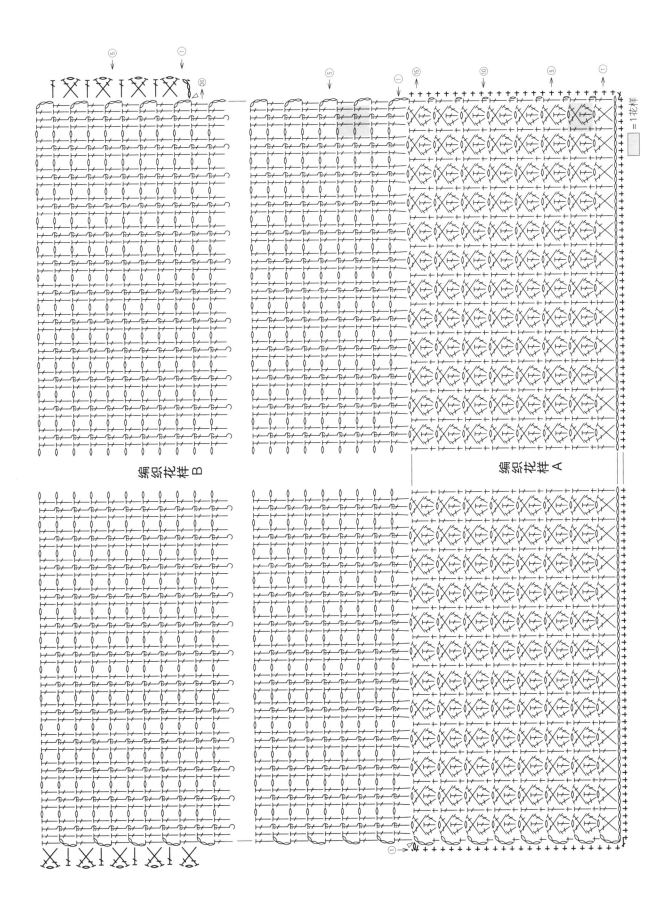

编织花样B

编织花样A

= 1花样

No.1
p.3

准备材料▶ 和麻纳卡 SONOMONO（粗）褐色（3）490g/13团
使用工具▶ 钩针4/0号
成品尺寸▶ 胸围108cm，衣长68.5cm，连肩袖长61cm
编织密度▶ 10cm×10cm 面积内：编织花样27.5针，9行

编织要点▶身片、袖子 编织锁针起针，做编织花样。袖下的加针参照图解。**组合** 沿着下摆、袖口挑针做边缘花样A。肩部、两胁、袖下钩织引拔针和锁针接合。前门襟、领子做边缘花样B。后领参照图解进行减针。袖子钩织引拔针和锁针接合到身片上。

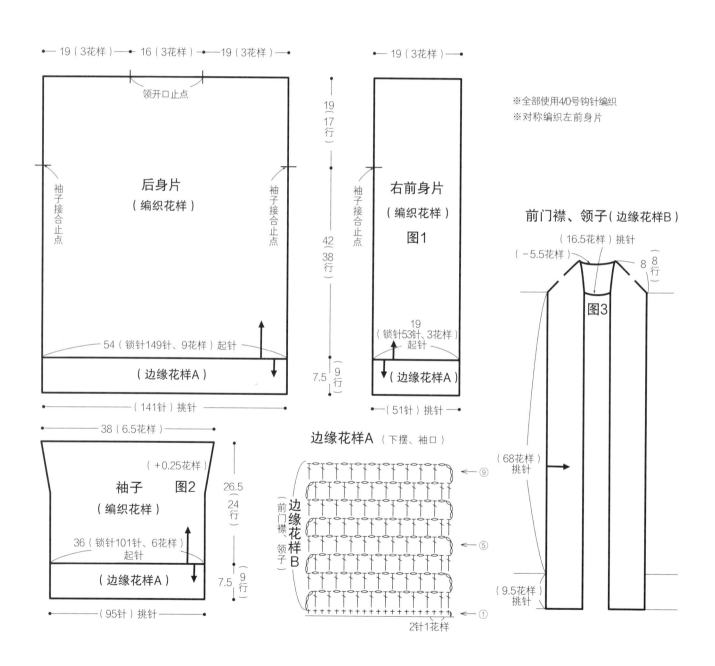

※全部使用4/0号钩针编织
※对称编织左前身片

— 19（3花样）— 16（3花样）— 19（3花样）—

领开口止点

后身片（编织花样）

袖子接合止点　袖子接合止点

54（锁针149针、9花样）起针

（边缘花样A）

（141针）挑针

— 19（3花样）—

19（17行）

42（38行）

7.5（9行）

袖子接合止点

右前身片（编织花样）图1

19（锁针53针、3花样）起针

（边缘花样A）

（51针）挑针

前门襟、领子（边缘花样B）

（16.5花样）挑针
（−5.5花样）
8（8行）
图3

（68花样）挑针

（9.5花样）挑针

38（6.5花样）

（+0.25花样）

袖子　图2（编织花样）

26.5（24行）

36（锁针101针、6花样）起针

（边缘花样A）

7.5（9行）

（95针）挑针

边缘花样A（下摆、袖口）

边缘花样B（前门襟、领子）

⑨
⑤
①

2针1花样

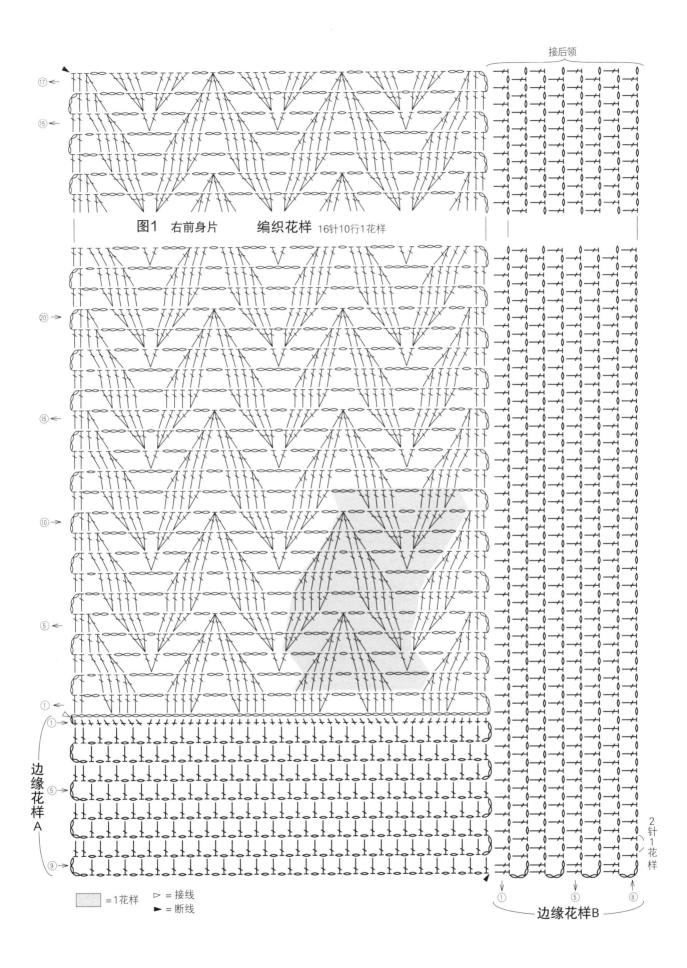

图1 右前身片 编织花样 16针10行1花样

接后领

边缘花样A

边缘花样B

2针1花样

=1花样 ▷=接线
▶=断线

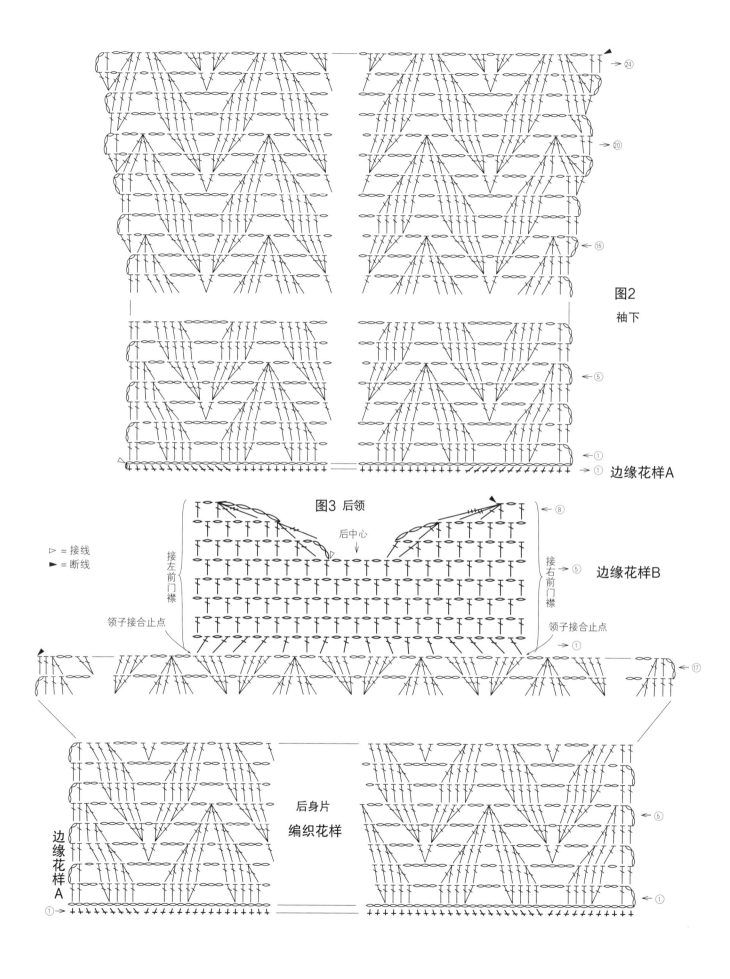

图2
袖下

边缘花样A

图3 后领

后中心

▷ = 接线
► = 断线

接左前门襟

领子接合止点

接右前门襟

领子接合止点

边缘花样B

后身片
编织花样

边缘花样A

准备材料▶ 和麻纳卡 SONOMONO
（粗）米色（4）330g/9 团
使用工具▶ 钩针 5/0 号
成品尺寸▶ 胸围 94cm，肩宽 36cm，
衣长 51cm，袖长 12cm
编织密度▶ 10cm×10cm 面积内：
编织花样 20 针，9 行

编织要点▶身片、袖子 编织锁针起
针，做编织花样。减针处参照图解。组
合 肩部、两胁、袖下钩织引拔针和锁
针接合。下摆做边缘花样 A，袖口做边
缘花样 B，领子做边缘花样 C，均环形
编织。袖子钩织引拔针和锁针接合到身
片上。

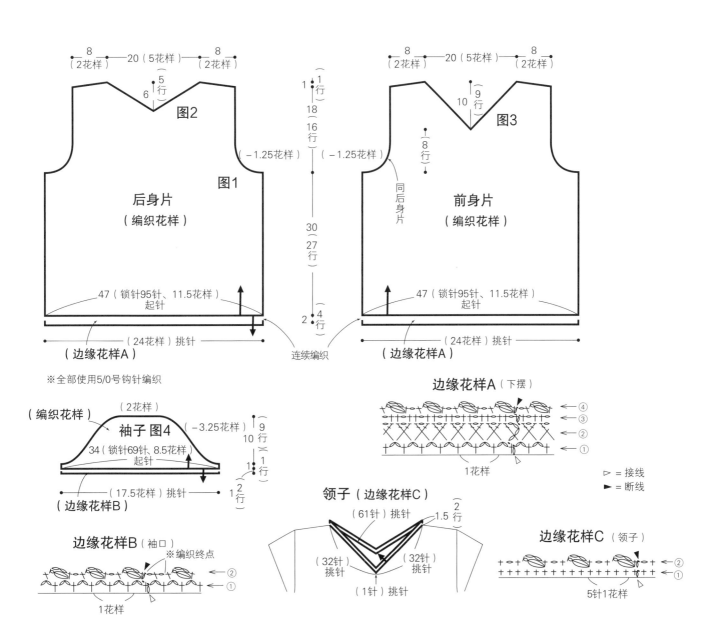

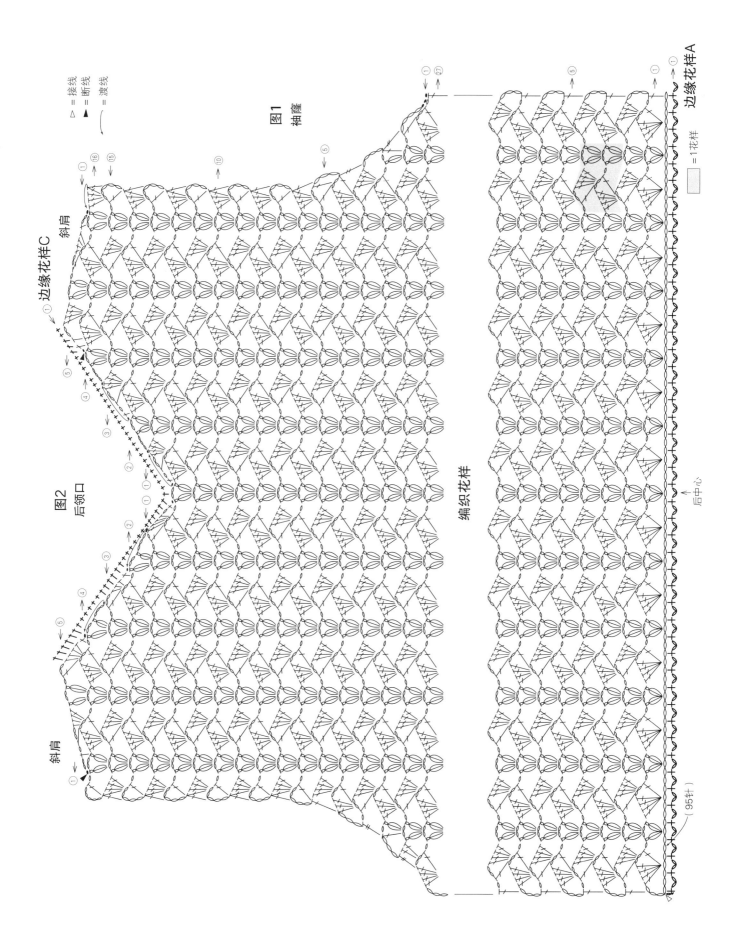

图1
袖窿

图2
后领口

斜肩

边缘花样C

斜肩

编织花样

边缘花样A

△ = 接线
▲ = 断线
= 渡线

= 1花样

后中心

(95针)

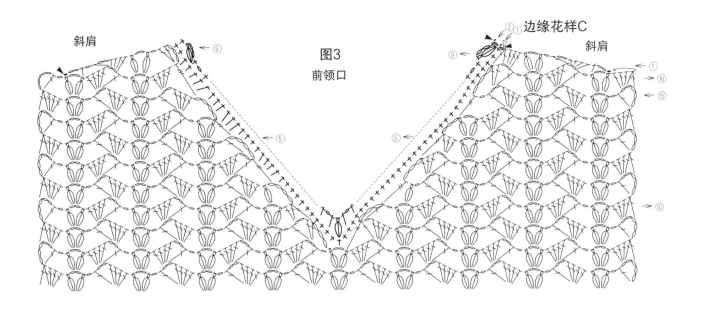

斜肩　　　　　　　　　　　　　　　边缘花样C　　　斜肩

图3
前领口

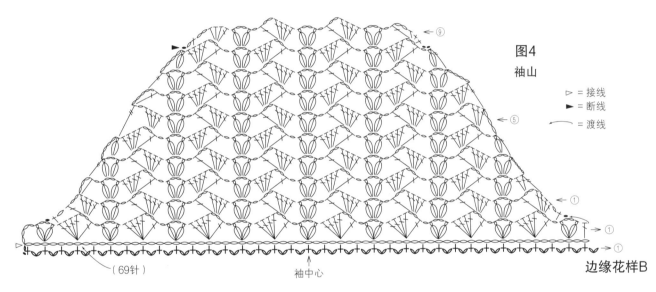

图4
袖山

▷ = 接线
► = 断线
⌒ = 渡线

（69针）　　　　　　　　　　袖中心　　　　　　　　　边缘花样B

变化的3针中长针的枣形针

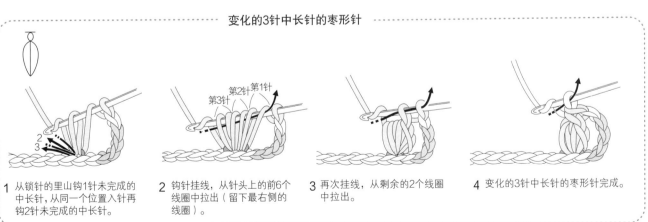

第3针　第2针　第1针

1 从锁针的里山钩1针未完成的中长针，从同一个位置入针再钩2针未完成的中长针。

2 钩针挂线，从针头上的前6个线圈中拉出（留下最右侧的线圈）。

3 再次挂线，从剩余的2个线圈中拉出。

4 变化的3针中长针的枣形针完成。

No.4、5
p.6、7

准备材料▶ 和麻纳卡 SONOMONO HAIRY 作品4: 米色（122）270g/11团；作品5: 巧克力灰色（126）210g/9团

使用工具▶ 钩针 6/0 号

成品尺寸▶ 胸围 112cm，连肩袖长 61.5cm 作品 4 衣长 57cm；作品 5 衣长 48cm

编织密度▶ 10cm×10cm 面积内：编织花样 20 针，10 行

编织要点▶身片、袖子 编织锁针起针，从后身片的胁线开始横向编织，做编织花样 A 和编织花样 B，接下来按同样的方法编织前身片。袖子同样为横向编织。组合 肩部、两胁、袖下钩织引拔针和锁针接合。作品 4 下摆在编织花样 B 的下方挑针，环形做编织花样 A 和边缘花样 A。领子的边缘花样 B 也是环形编织。袖子钩织引拔针和锁针接合到身片上。

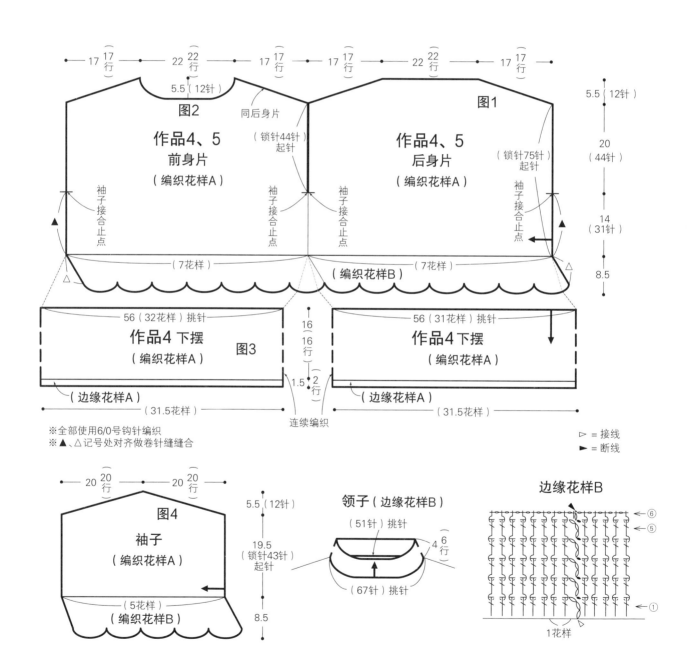

※全部使用6/0号钩针编织
※▲、△记号处对齐做卷针缝缝合

▷ = 接线
► = 断线

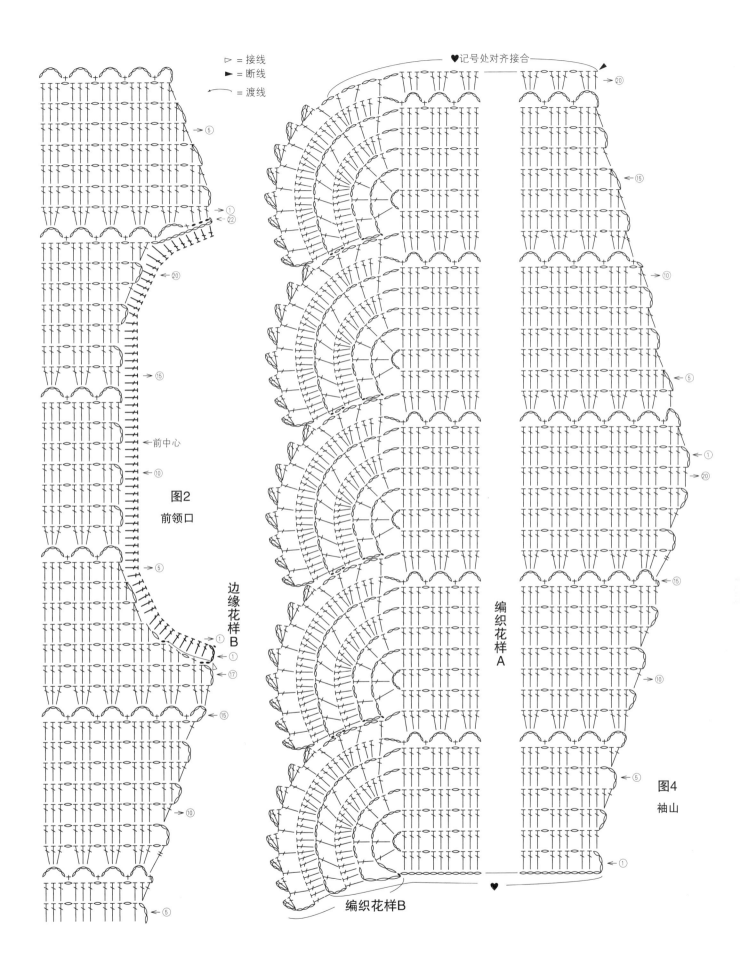

▷ = 接线
► = 断线
⌒ = 渡线

♥记号处对齐接合

图2
前领口

前中心

边缘花样B

编织花样A

图4
袖山

编织花样B

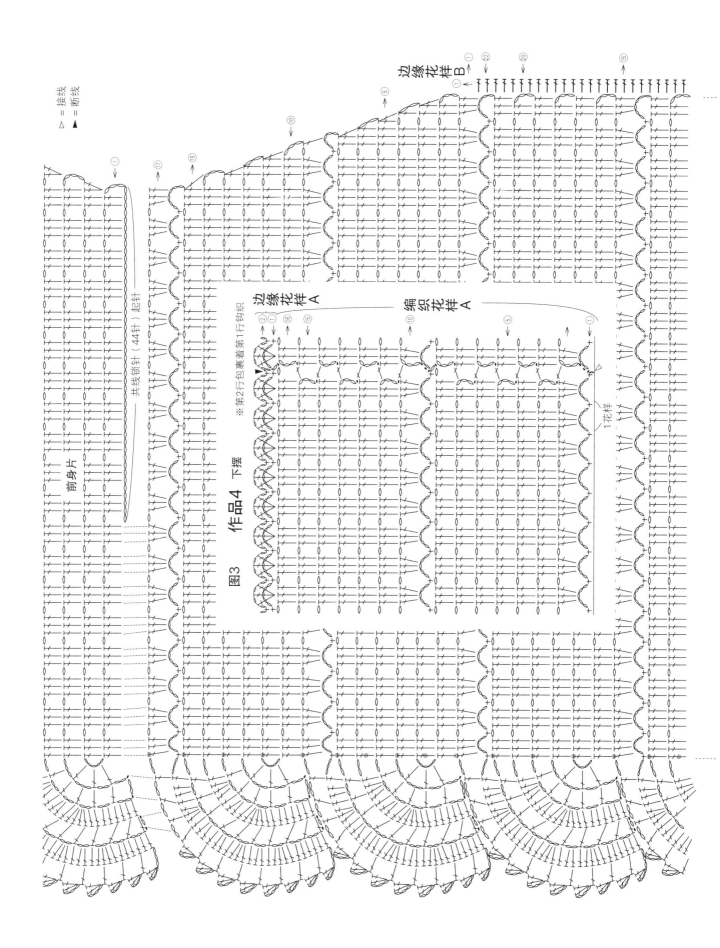

作品4 下摆

图3

边缘花样B

边缘花样A

编织花样A

前身片

共线锁针（44针）起针

△ = 接线
▲ = 断线

※第2行包裹着第1行钩织

1花样

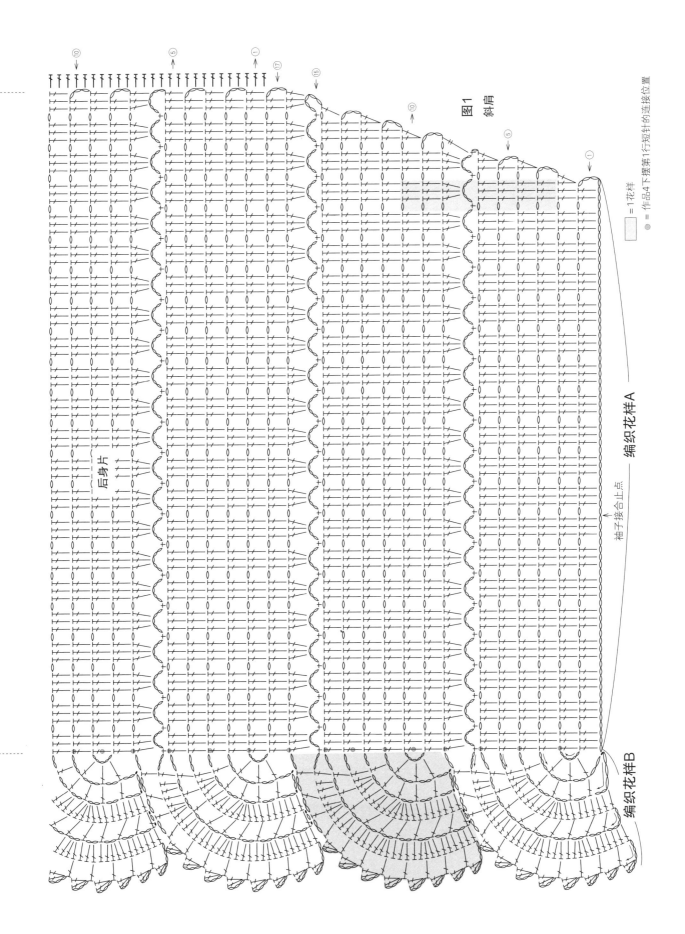

図1
斜肩

袖子接合止点

□ = 1花样
编织花样A
编织花样B
后身片

● = 作品4下摆第1行短针的连接位置

45

No.6
p.8

准备材料▶ 和麻纳卡 SONOMONO ALPACA LILY 灰色（115）270g/7团

使用工具▶ 钩针 8/0 号

成品尺寸▶ 胸围 116cm，衣长 49.5cm，连肩袖长 43.5cm

编织密度▶ 10cm×10cm 面积内：编织花样 14 针，7 行

编织要点▶育克、身片、袖子 编织

锁针起针。育克参照图解对编织花样做分散加针。身片从育克的身片部分及锁针处挑针，不加针不减针做编织花样。袖子从育克的袖子及身片的腋下锁针处挑针，参照图解环形做往返编织并减针。然后环形做袖口的边缘花样。**组合** 下摆、前门襟、领子继续按边缘花样编织 3 行。

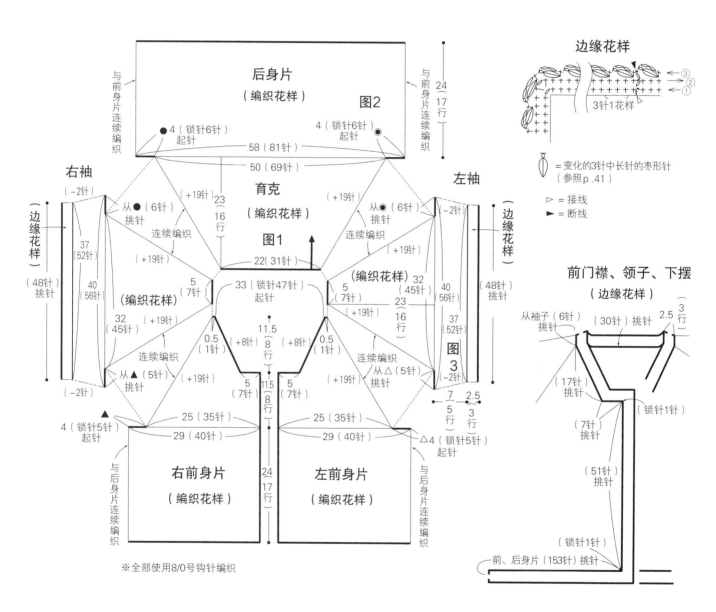

边缘花样

3针1花样

＝变化的3针中长针的枣形针（参照p.41）

▷ ＝接线
► ＝断线

前门襟、领子、下摆（边缘花样）

后身片（编织花样）图2

育克（编织花样）图1

右袖 左袖

右前身片（编织花样）

左前身片（编织花样）

※全部使用8/0号钩针编织

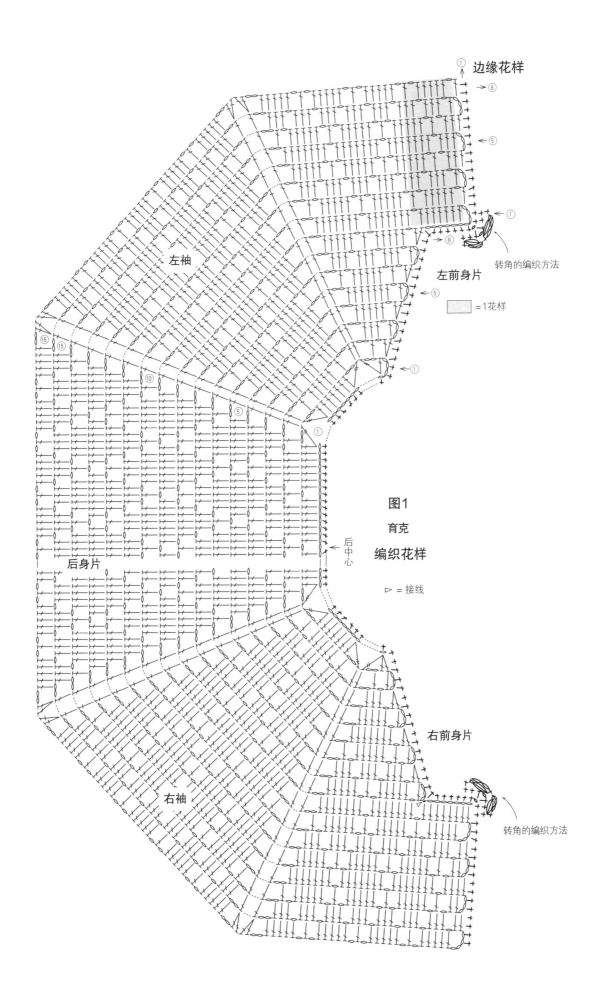

边缘花样

① 边缘花样

→⑧

←⑤

①

←⑧

转角的编织方法

左前身片

←⑤

□ =1花样

左袖

⑯
⑮

⑩

←①

⑤

①

图1
育克
编织花样

▷ = 接线

后中心

后身片

右前身片

右袖

转角的编织方法

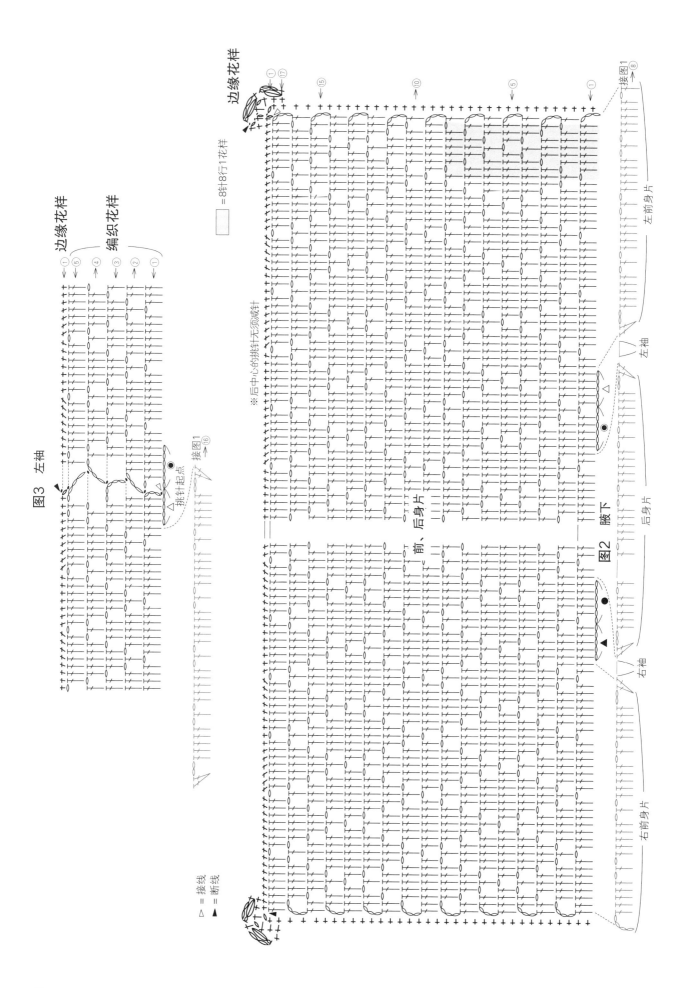

图3 左袖

边缘花样

编织花样

挑针起点

接图1

△ = 接线
▲ = 断线

边缘花样

= 8针8行1花样

※后中心的挑针无须减针

后身片

图2

前、后身片

右前身片

左前身片

左袖

腋下

右袖

后身片

接图1

No.8
p.11

准备材料▶ 和麻纳卡 MOHAIR MEMOIR 灰黑色段染（8）130g/6 团
使用工具▶ 钩针 6/0 号
成品尺寸▶ 胸围 94cm，衣长 57.5cm，连肩袖长 26cm
编织密度▶ 10cm×10cm 面积内：编织花样 24 针，7.5 行

编织要点▶身片 编织锁针起针，做编织花样。斜肩、前领口参照图解编织。
组合 肩部、两胁钩织引拔针和锁针接合。下摆、袖口做边缘花样 A。前门襟、领子做边缘花样 B。

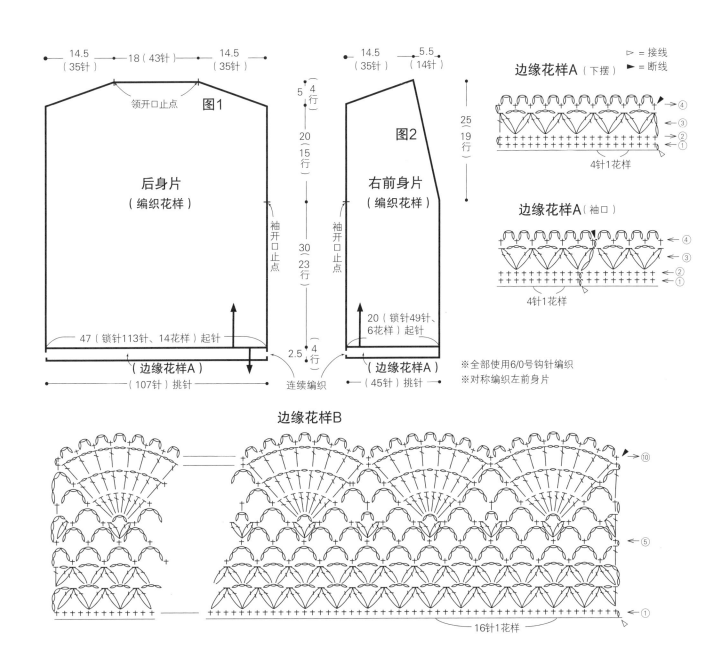

图1
后身片（编织花样）
领开口止点
14.5（35针） 18（43针） 14.5（35针）
袖开口止点
47（锁针113针、14花样）起针
（边缘花样A）
（107针）挑针

图2
右前身片（编织花样）
14.5（35针） 5.5（14针）
袖开口止点
20（锁针49针、6花样）起针
（边缘花样A）
（45针）挑针
连续编织

5（4行） 20（15行） 30（23行） 2.5（4行）
25（19行）

边缘花样A（下摆）
4针1花样
①②③④

▷ = 接线
► = 断线

边缘花样A（袖口）
4针1花样
①②③④

※全部使用6/0号钩针编织
※对称编织左前身片

边缘花样B
16针1花样
①⑤⑩

49

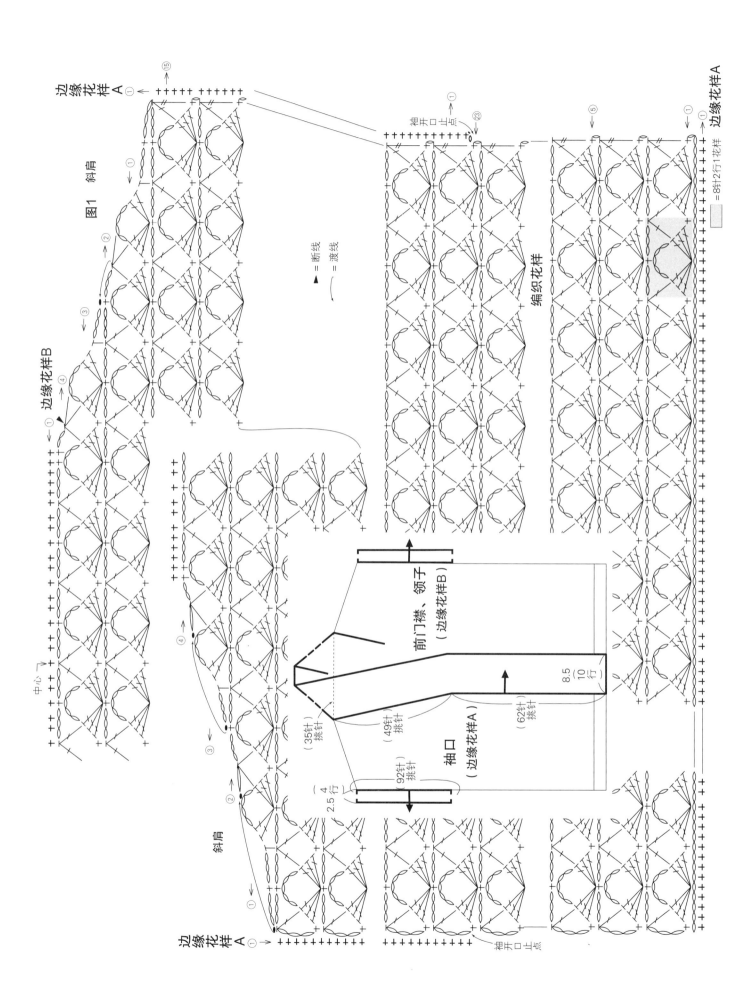

边缘花样A

图1　斜肩

边缘花样B

中心

斜肩

边缘花样A

边缘花样A

= 断线
= 渡线

编织花样

前门襟、领子
（边缘花样B）

（35针）挑针

（49针）挑针

（62针）挑针

8.5
(10行)

（92针）挑针

2.5
4行

袖口
（边缘花样A）

袖开口止点

袖开口止点

边缘花样A

= 8针2行1花样

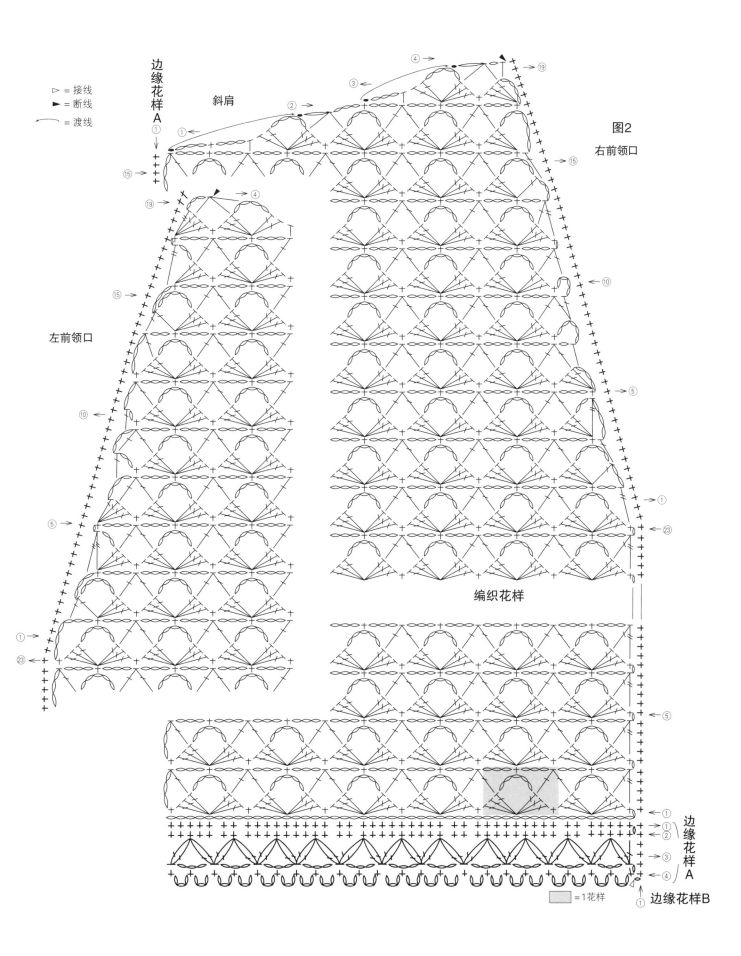

▷ = 接线
► = 断线
⌒ = 渡线

边缘花样A

斜肩

图2

右前领口

左前领口

编织花样

边缘花样A

= 1花样

边缘花样B

No.9、10
p.12、13

准备材料▶

作品9：和麻纳卡 纯毛中细
（GRADATION）紫色系（108）310g/
8团

作品10:和麻纳卡 纯毛中细 原白色(1)
310g/8团

使用工具▶ 钩针3/0号

成品尺寸▶ 胸围100cm，衣长
52.5cm，连肩袖长59cm

编织密度▶ 10cm×10cm 面积内：

编织花样B 29针，13.5行

编织要点▶育克、身片、袖子 育克编织锁针起针，环形编织，做编织花样A，参照图解分散加针。后身片从育克挑针，先做4行编织花样B，形成前后差，然后将前、后身片连接起来，环形做编织花样B。接下来做下摆的边缘花样。袖子从腋下、前后差、育克挑针，编织方法同身片一样，袖下参照图解减针。**组合** 领子环形编织，做边缘花样。

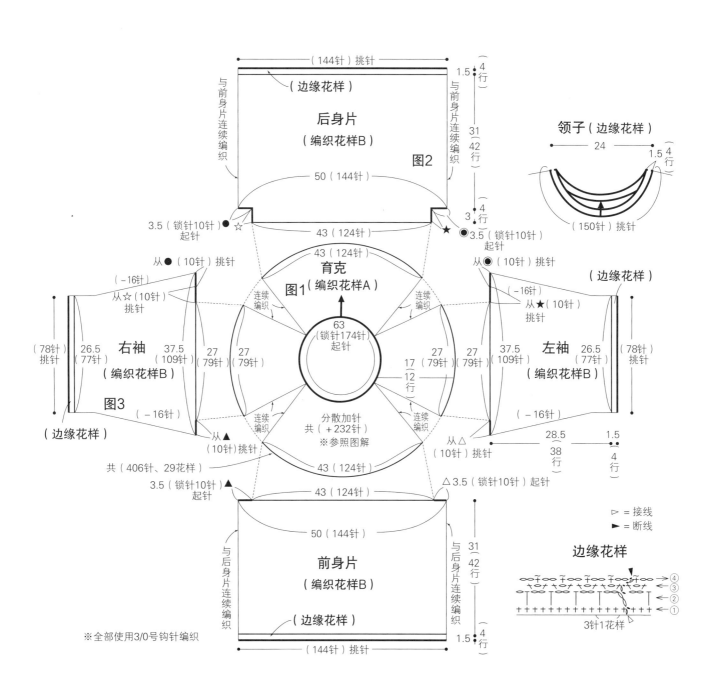

（144针）挑针

（边缘花样）

后身片
（编织花样B）

图2

1.5 {4行

50（144针）

31
（42行）

3 {4行

3.5（锁针10针）☆
起针

43（124针）

3.5（锁针10针）●
起针

与前身片连续编织

与前身片连续编织

领子（边缘花样）

24   1.5 {4行

（150针）挑针

从●（10针）挑针
（−16针）
从☆（10针）挑针

43（124针）

育克
图1（编织花样A）

63
（锁针174针）
起针

连续编织   连续编织

从●（10针）挑针
（−16针）
从★（10针）挑针

（边缘花样）

（78针）挑针   26.5
（77针）

右袖
（编织花样B）

37.5
（109针）

27
（79针）

27
（79针）

17（79针）
12行

27
（79针）

27
（79针）

37.5
（109针）

左袖
（编织花样B）

26.5
（77针）

（78针）挑针

图3

（−16针）

连续编织   连续编织

分散加针
共（+232针）
※参照图解

连续编织

（−16针）

28.5
（38行）

1.5 {4行

（边缘花样）

从▲（10针）挑针

从△（10针）挑针

▷ = 接线
► = 断线

共（406针、29花样）

3.5（锁针10针）▲
起针

43（124针）

△3.5（锁针10针）起针

边缘花样

43（124针）

50（144针）

前身片
（编织花样B）

31
（42行）

（边缘花样）

与后身片连续编织

与后身片连续编织

3针1花样

①②③④

1.5 {4行

※全部使用3/0号钩针编织

（144针）挑针

52

图1　育克　编织花样A

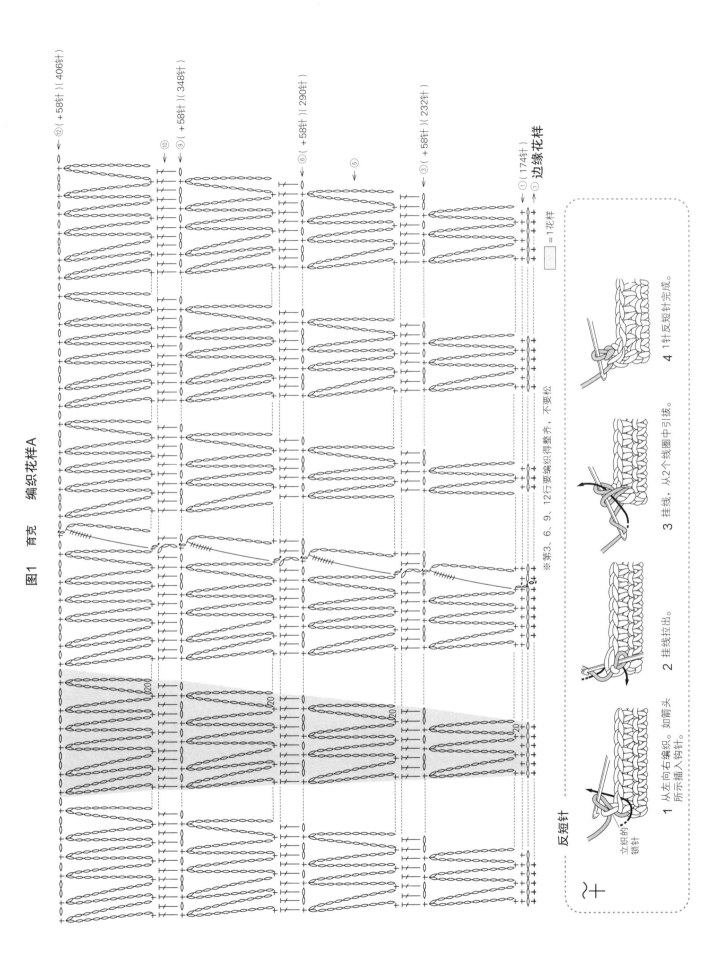

⑫（＋58针）（406针）
⑩
⑨（＋58针）（348针）
⑥（＋58针）（290针）
⑤
③（＋58针）（232针）
①（174针）
→①　边缘花样

□＝1花样

※第3、6、9、12行要编织得整齐，不要松

反短针

1　从左向右编织。如箭头所示插入钩针。
立织的锁针

2　挂线拉出。

3　挂线，从2个线圈中引拔。

4　1针反短针完成。

53

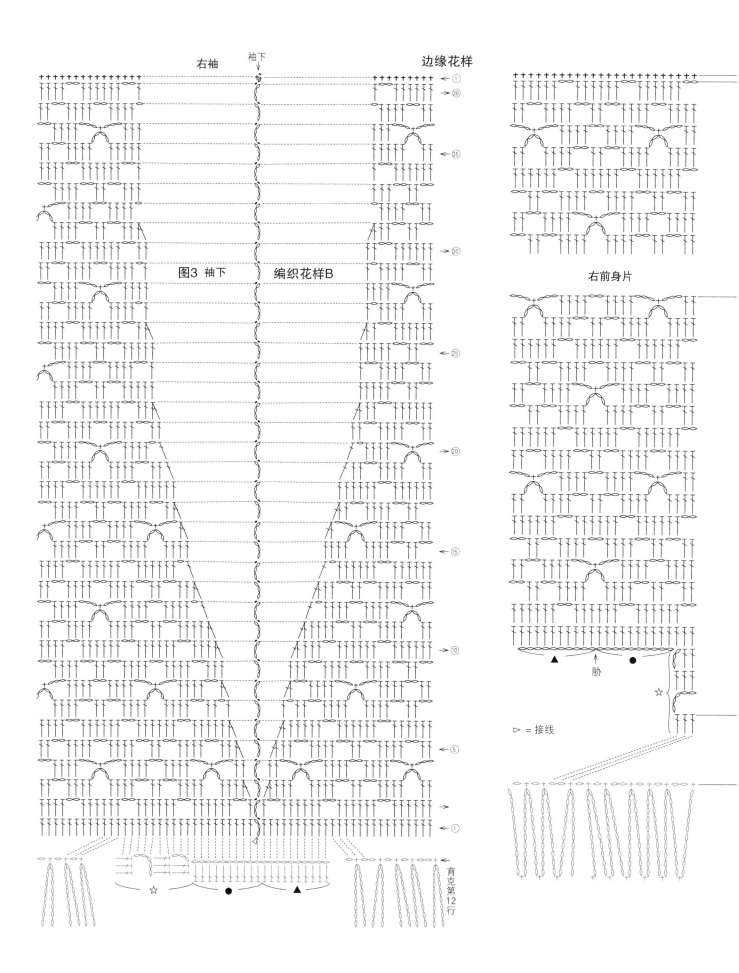

右袖　袖下　边缘花样

图3　袖下　编织花样B

右前身片

▲　　胁　　●

☆

▷ = 接线

胁

育克第12行

☆　　●　　▲

① ⑤ ⑩ ⑮ ⑳ ㉕ ㉚ ㊳ ①

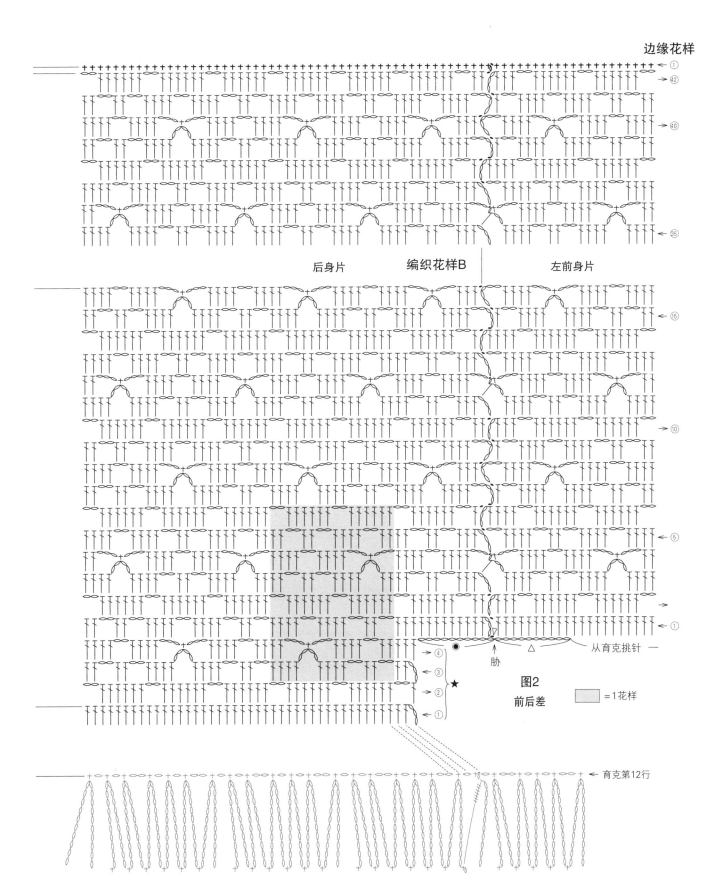

边缘花样

后身片　　　编织花样B　　　左前身片

① ② ③ ④

从育克挑针 —

肋

★

图2
前后差

= 1花样

← 育克第12行

准备材料▶ 和麻纳卡 DINA 黄绿色系
（21）100g/3 团

使用工具▶ 钩针 5/0 号

成品尺寸▶ 颈围 102cm，宽 24cm

编织密度▶ 编织花样 1 花样 2cm，2
行 2.5cm

No.11

p.14

编织要点▶主体 编织锁针起针，做编织花样，参照图解做加减针。组合 纽扣环形起针，做 4 行短针，塞线拉紧。组合 2 枚纽扣，利用编织花样的洞眼，将其安装在喜欢的位置。

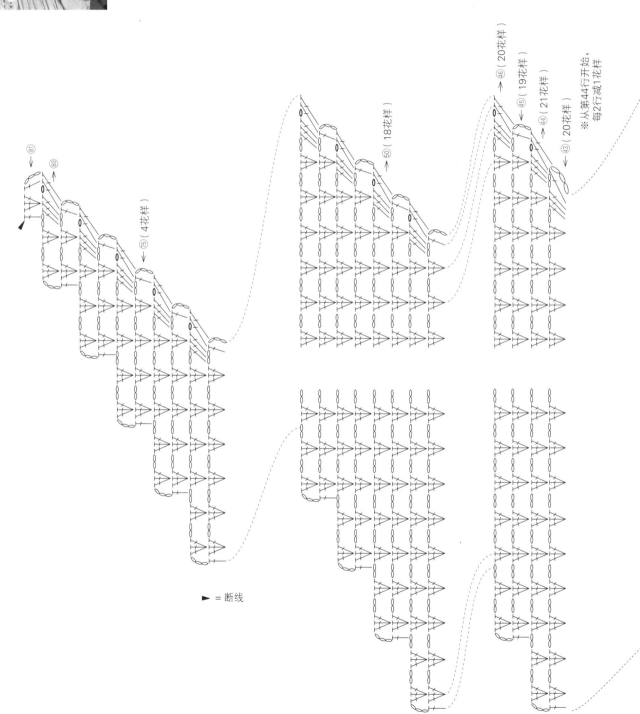

► = 断线

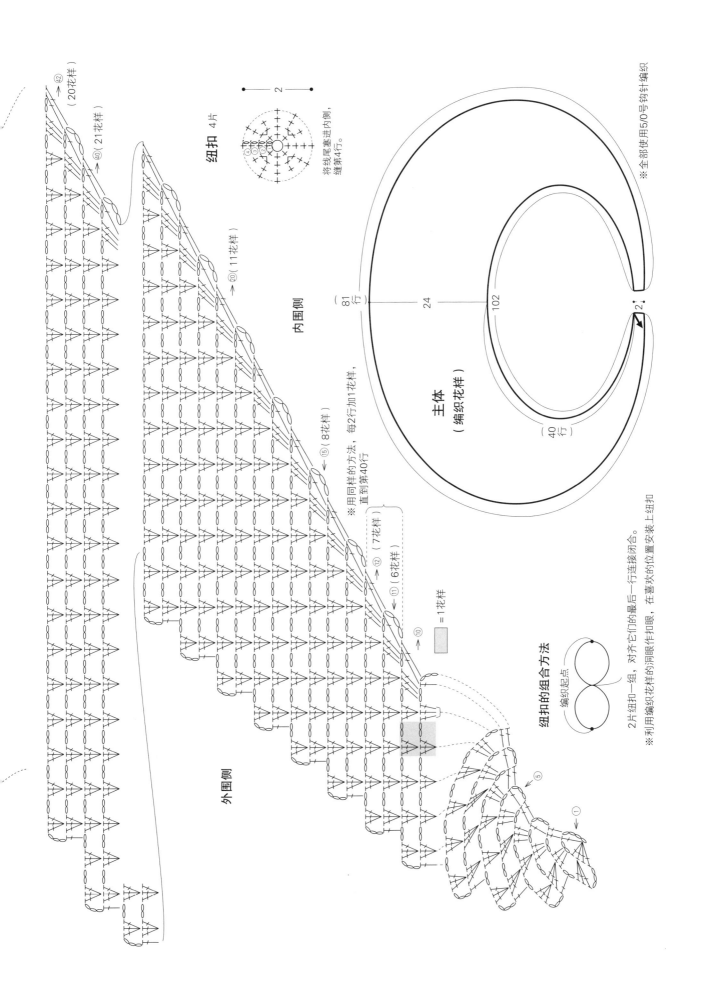

纽扣 4片

● —— 2 ——●

将线尾塞进内侧，
缝第4行。

内围侧

主体
（编织花样）

24

102

81
（行）

40
（行）

※全部使用5/0号钩针编织

※用同样的方法，每2行加1花样，
直到第40行

⑳（11花样）

⑮（8花样）

⑫（7花样）
⑪（6花样）

⑩

= 1花样

外围侧

纽扣的组合方法

编织起点

⑤

①

2片纽扣一组，对齐它们的最后一行连接闭合。
※利用编织花样的洞眼作扣眼，在喜欢的位置安装上纽扣

㊷
→（20花样）

㊵（21花样）

准备材料▶ 和麻纳卡 MOHAIR MEMOIR
黄色和紫色系段染（2）75g/3 团
使用工具▶ 钩针 7/0 号
成品尺寸▶ 宽 27cm，长 144cm
编织密度▶ 1 片花片直径 3cm
编织要点▶ 编织锁针起针，参照图解
编织花片并连接。

No.12
p.15

主体（连编花片）

编织终点

7/0号钩针

连编花片的连接方法

※按数字顺序连接

编织起点

编织起点

144（48片）

27（9片）

准备材料▶　和麻纳卡 SONOMONO TWEED 灰杏色（72）270g/7 团
使用工具▶　钩针 5/0 号
成品尺寸▶　胸围 98cm，衣长 51.5cm，连肩袖长 26.5cm
编织密度▶　10cm×10cm 面积内：编织花样 23.5 针，10.5 行

编织要点▶身片　编织锁针起针，参照图解做编织花样的引返编织。组合　肩部做卷针缝缝合，两肋做挑针缝合。下摆做边缘花样 A，领子、袖口环形做边缘花样 B。

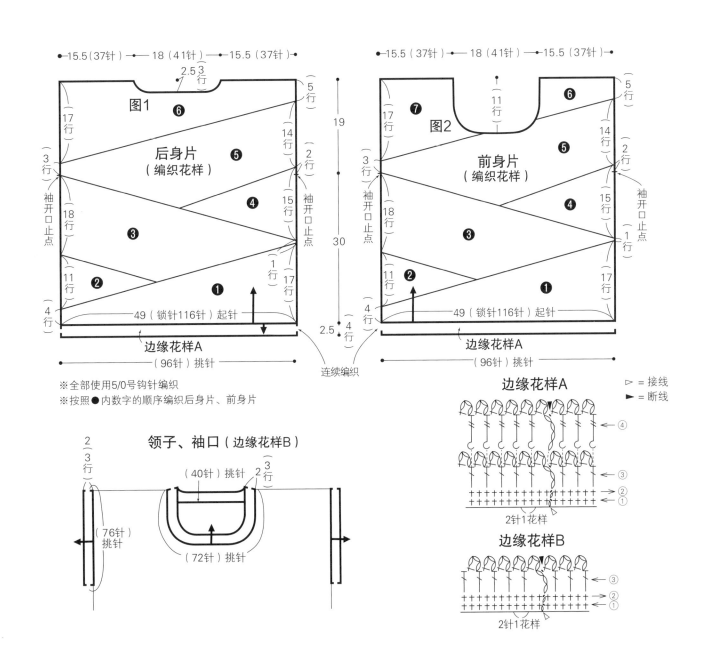

※全部使用5/0号钩针编织
※按照●内数字的顺序编织后身片、前身片

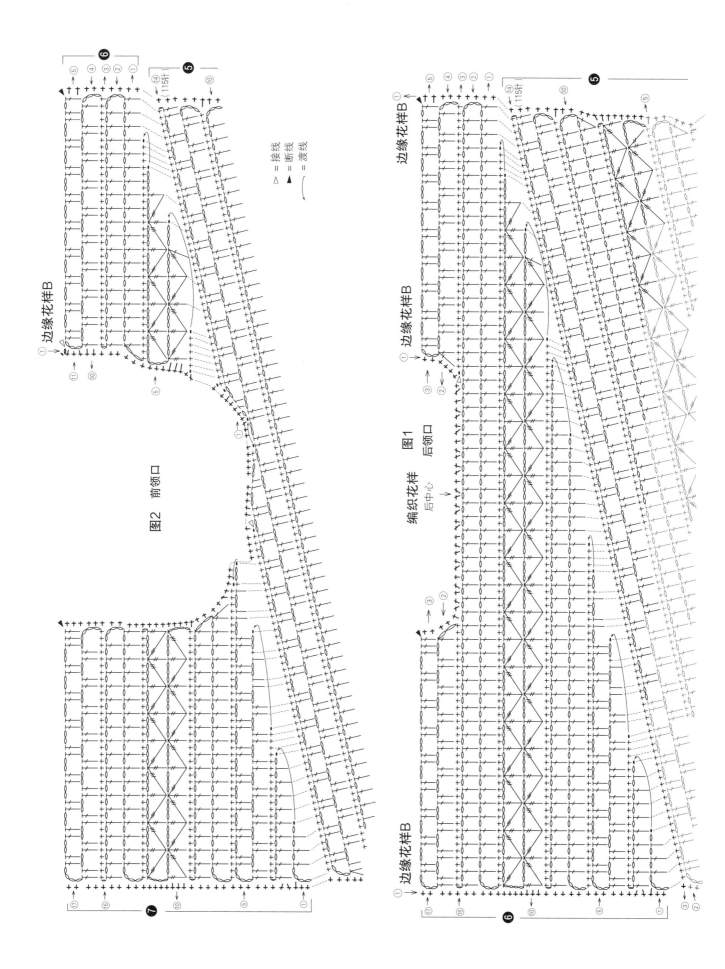

图2 前领口

编织花样 图1

边缘花样B

后中心

后领口

边缘花样B

边缘花样B

边缘花样B

(115针)

(115针)

△ = 接线
▲ = 断线
⌒ = 渡线

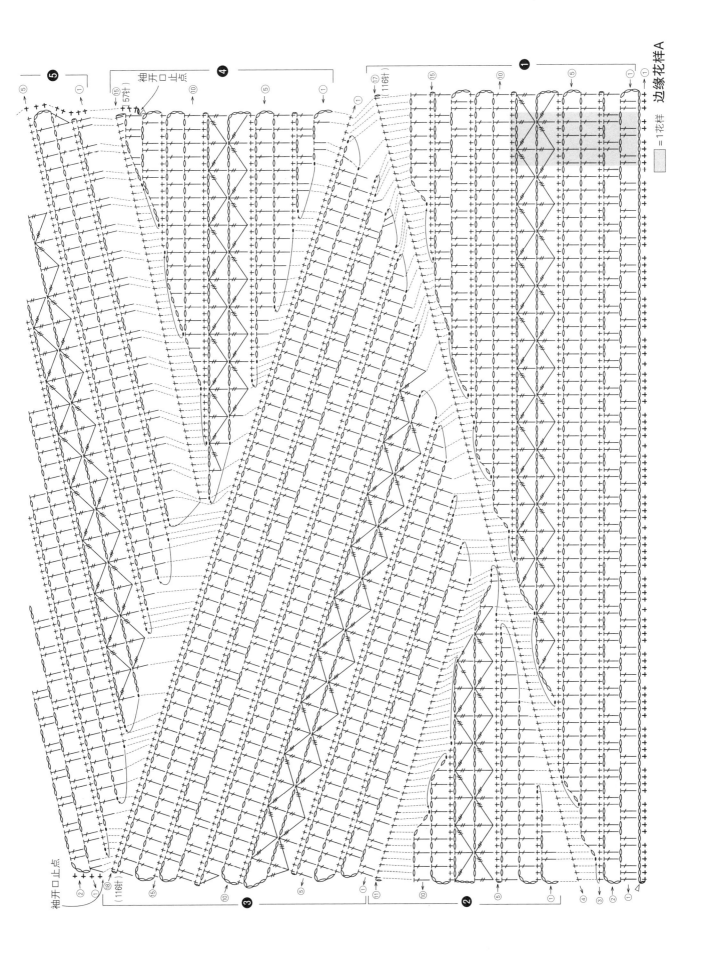

袖开口止点

袖开口止点

＝1花样　边缘花样A

＝1花样

No.**13**
p.16

准备材料▶ 和麻纳卡 DINA 红色系(4)
190g/5 团
使用工具▶ 钩针 6/0 号
成品尺寸▶ 胸围 94cm，衣长 56cm，
连肩袖长 26.5cm
编织密度▶ 10cm×10cm 面积内：
编织花样 20 针，11 行

编织要点▶身片 编织锁针起针，从
胁线开始做横向编织。领口的减针参照
图解。编织完后身片的 52 行后，为袖
口留出 40 针休针，重新起 40 针锁针。
组合 肩部、两胁做卷针缝缝合。领子、
袖口环形做边缘花样 A。下摆环形做边
缘花样 B。

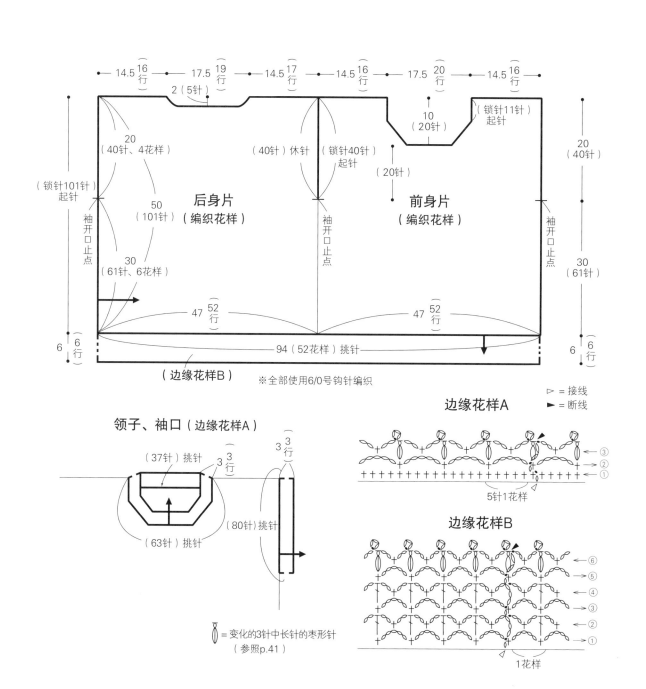

领子、袖口（边缘花样A）

(37 针) 挑针   3行
3行
(80 针) 挑针
(63 针) 挑针

= 变化的3针中长针的枣形针
（参照p.41）

边缘花样A   ▷ = 接线
► = 断线

5针1花样
③ ② ①

边缘花样B
⑥ ⑤ ④ ③ ② ①

1花样

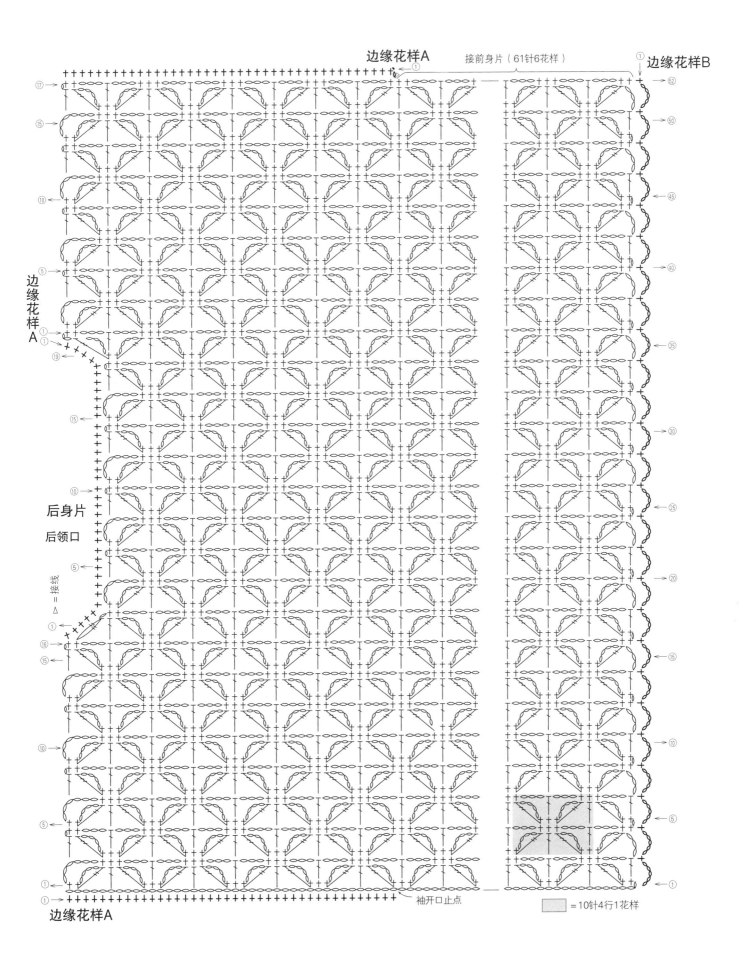

边缘花样A
接前身片（61针6花样）
边缘花样B

边缘花样A

后身片
后领口

△ = 接线

袖开口止点

边缘花样A

= 10针4行1花样

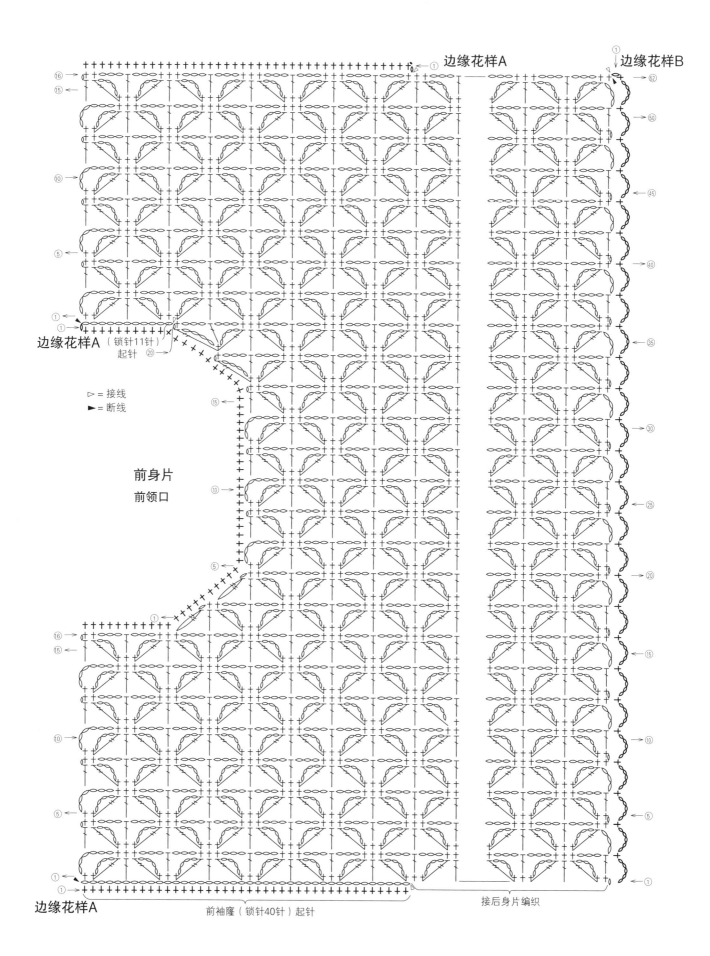

边缘花样A

边缘花样B

边缘花样A（锁针11针）起针

▷ = 接线
► = 断线

前身片
前领口

边缘花样A

前袖窿（锁针40针）起针

接后身片编织

No.**15**
p.19

准备材料▶ 和麻纳卡 AMERRY F（LAME）黑 色（612）420g/14 团，直径 12mm 的纽扣 8 枚
使用工具▶ 钩针 3/0 号
成品尺寸▶ 胸围 99.5cm，肩宽 42cm，衣长 54cm，袖长 51.5cm
编织密度▶ 10cm×10cm 面积内：编织花样 33 针，15 行

编织要点▶身片、袖子 编织锁针起针，做编织花样。**组合** 肩部、两胁、袖下钩织引拔针和锁针接合。袖子钩织引拔针和锁针接合到身片上。下摆、前门襟、领子环形做边缘花样。只有前门襟参照图解编织 3 行。袖口环形做边缘花样。左前门襟缝上纽扣。

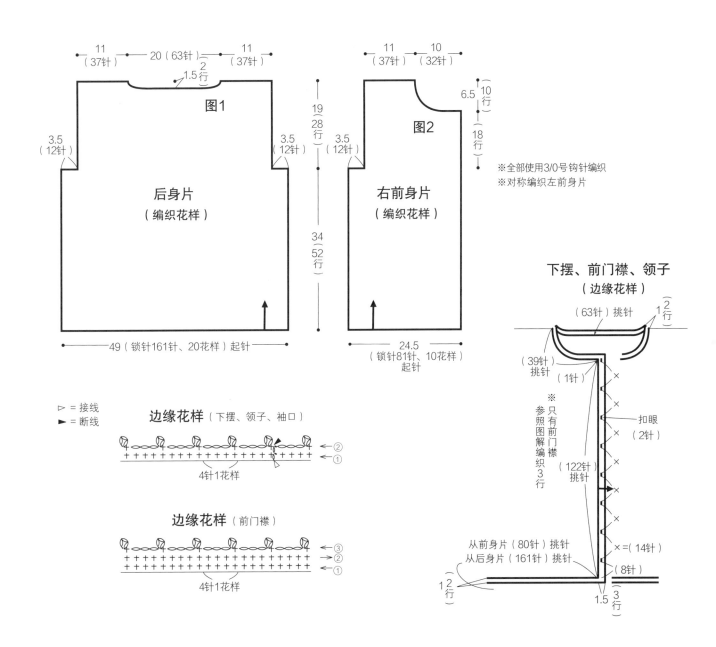

11（37针）— 20（63针）— 11（37针）
2行
1.5
图1
后身片（编织花样）
3.5（12针）
3.5（12针）
19（28行）
34（52行）
49（锁针161针、20花样）起针

11（37针）— 10（32针）
图2
右前身片（编织花样）
3.5（12针）
6.5（10行）
18行
24.5（锁针81针、10花样）起针

※全部使用3/0号钩针编织
※对称编织左前身片

▷ = 接线
► = 断线

边缘花样（下摆、领子、袖口）
②
①
4针1花样

边缘花样（前门襟）
③
②
①
4针1花样

下摆、前门襟、领子（边缘花样）
（63针）挑针
1（2行）
（39针）挑针
（1针）
※参照图解编织3行
（122针）挑针
扣眼（2针）
从前身片（80针）挑针
从后身片（161针）挑针
1（2行）
× =（14针）
（8针）
1.5
（3行）

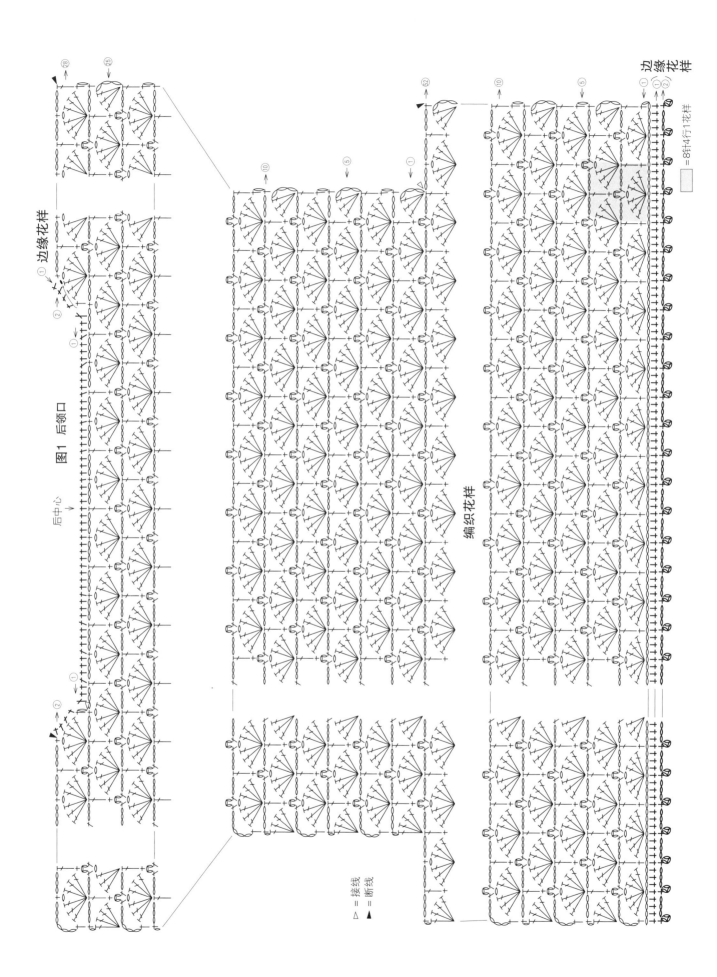

边缘花样

图1 后领口

后中心

后领口

编织花样

边缘花样

接线
断线

= 8针4行1花样

66

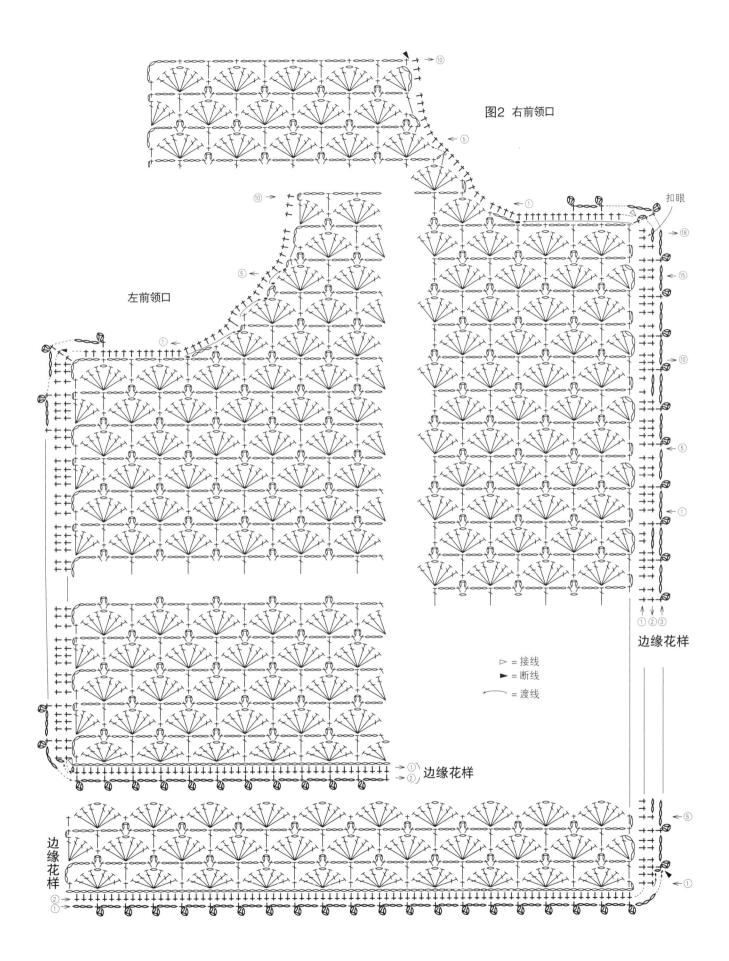

图2 右前领口

左前领口

扣眼

边缘花样

▷ = 接线
► = 断线
⌒ = 渡线

边缘花样

边缘花样

边缘花样

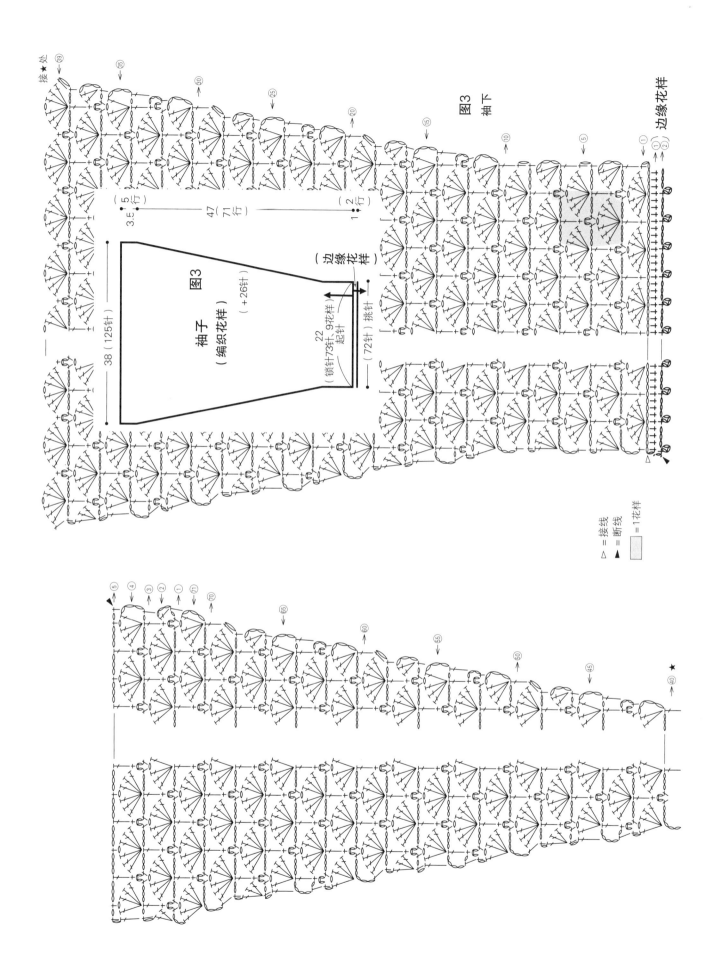

图3
袖下

边缘花样

接★处

图3
袖子
（编织花样）

（+26针）

38（125针）

47（71行）

3.5（5行）

1（2行）

22

（锁针73针、9花样）
起针

（72针）挑针

（边缘花样）

△ = 接线
▲ = 断线
□ = 1花样

No.14
p.17

准备材料▶ 和麻纳卡 纯毛中细 紫红色（45）260g/7 团，直径 15mm 的纽扣 6 枚

使用工具▶ 钩针 3/0 号

成品尺寸▶ 胸围 92.5cm，肩宽 36cm，衣长 52.5cm

编织密度▶ 10cm×10cm 面积内：编织花样 33 针，13 行

编织要点▶身片 右后身片编织锁针起针，从后中心开始编织，做编织花样。左后身片从起针行的对侧挑针，往相反方向做编织花样。左、右前身片从前中心开始，编织锁针起针，编织方法同后身片。加减针参照图解。组合 肩部钩织引拔针和锁针接合，两胁挑外侧半针做卷针缝缝合。下摆做边缘花样 A，前门襟、领子和袖口做边缘花样 B。左前门襟缝上纽扣。

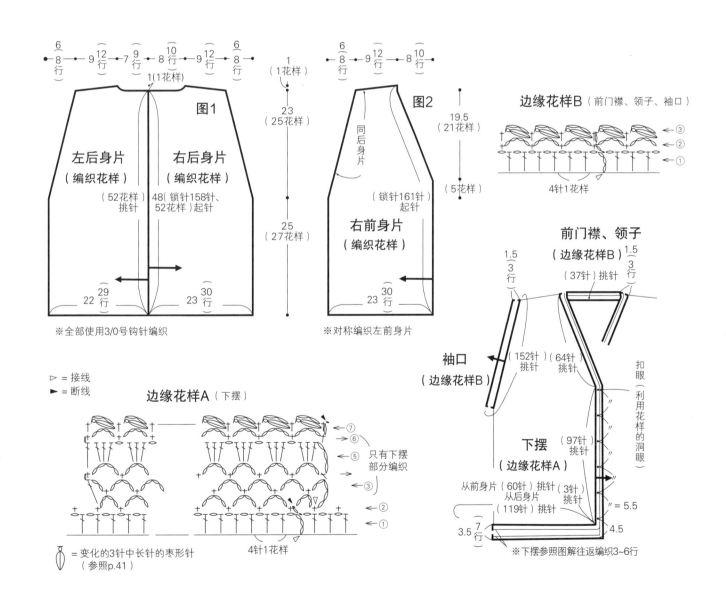

图1

左后身片（编织花样）（52花样）挑针

右后身片（编织花样）48（锁针158针、52花样）起针

※全部使用3/0号钩针编织

图2

同后身片

右前身片（编织花样）（锁针161针）起针

※对称编织左前身片

边缘花样B（前门襟、领子、袖口）
4针1花样

前门襟、领子（边缘花样B）
（37针）挑针
1.5 3行

袖口（边缘花样B）（152针）挑针（64针）挑针

扣眼（利用花样的洞眼）

下摆（边缘花样A）（97针）挑针
从前身片（60针）挑针（3行）从后身片（119针）挑针
3.5 7行
4.5
= 5.5
※下摆参照图解往返编织3~6行

▷ = 接线
► = 断线

边缘花样A（下摆）
只有下摆部分编织
4针1花样

= 变化的3针中长针的枣形针（参照p.41）

69

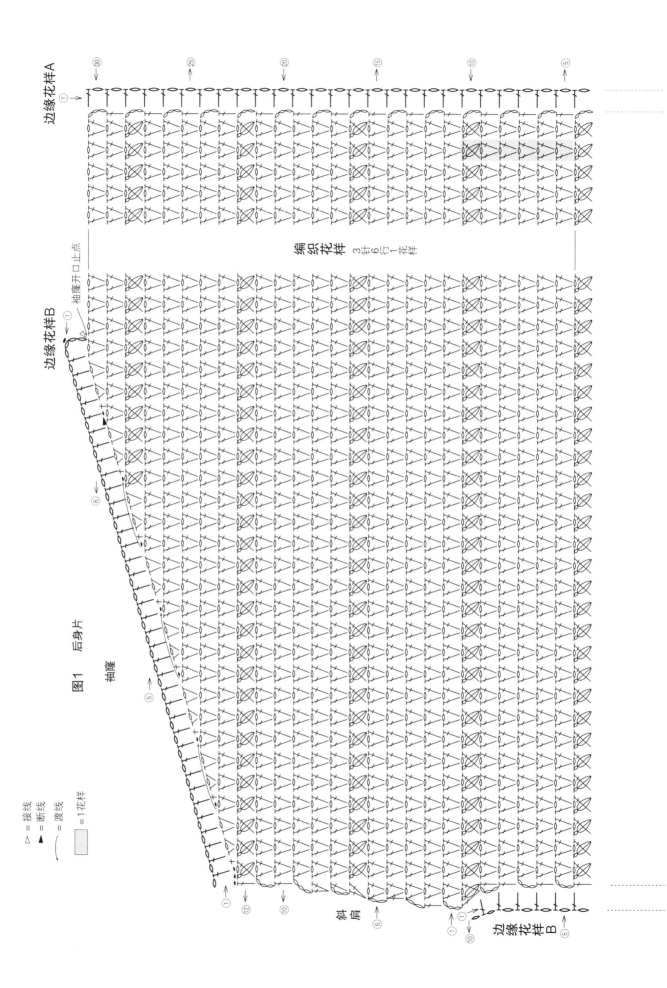

边缘花样A

编织花样 3针6行1花样

边缘花样B

图1　后身片

袖窿

袖窿开口止点

斜肩

边缘花样B

▷ = 接线
▲ = 断线
⌒ = 渡线
▨ = 1花样

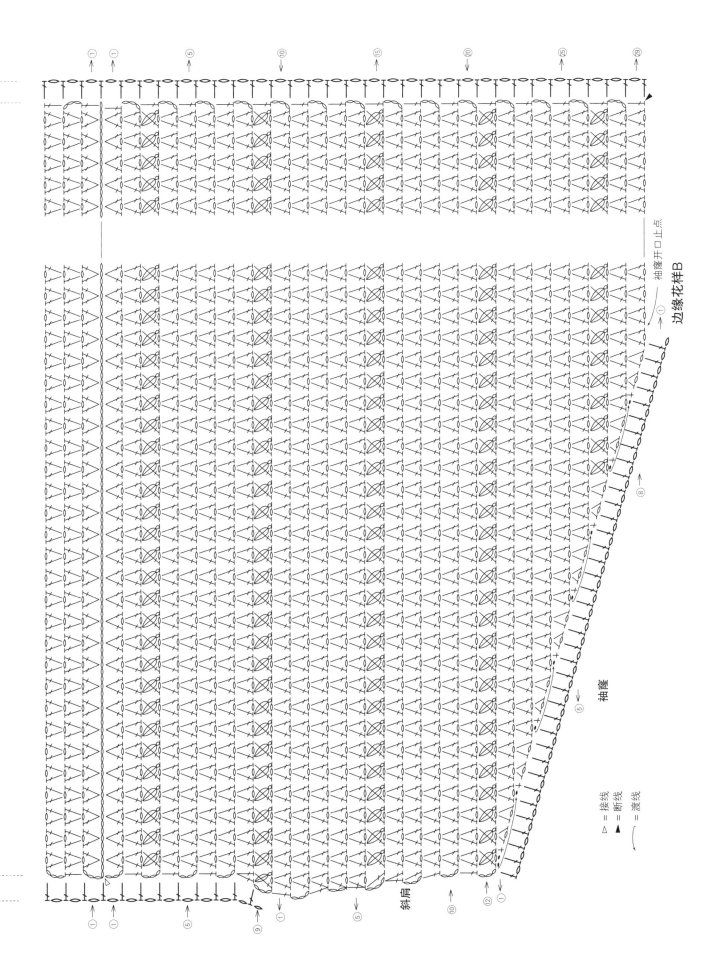

袖窿开口止点

边缘花样B

袖窿

斜肩

△ = 接线
▲ = 断线
⌒ = 渡线

71

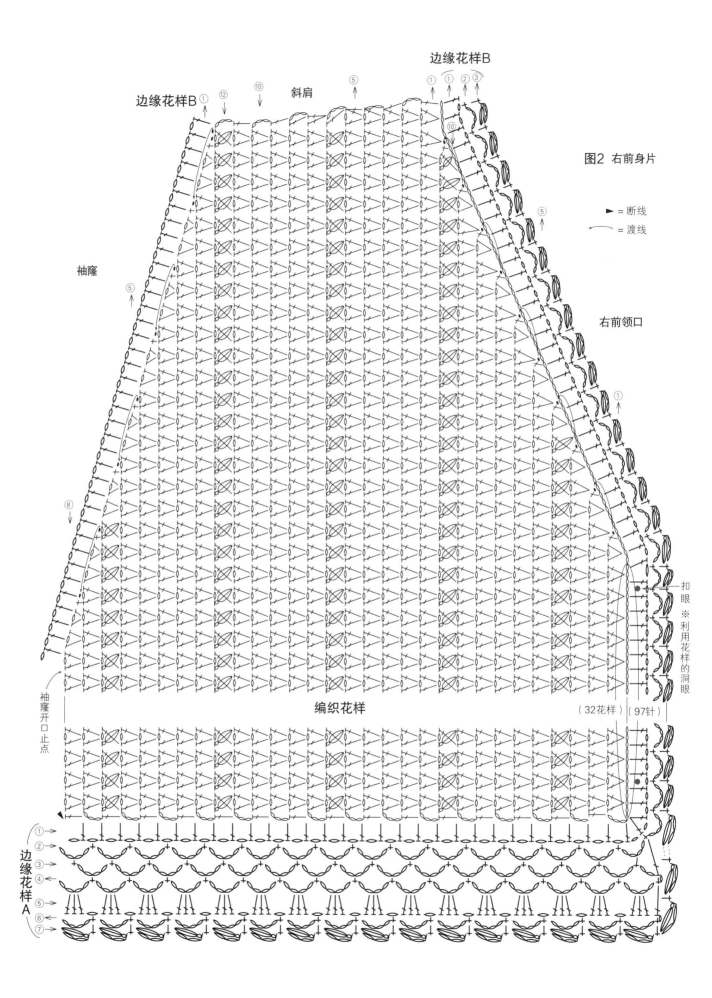

边缘花样B ① ⑫ ⑩ 斜肩 ⑤ ① ① ② ③

边缘花样B

图2 右前身片

► = 断线

⌒ = 渡线

袖隆 ⑤

右前领口

⑧

袖隆开口止点

扣眼
※利用花样的洞眼

编织花样

(32花样)(97针)

边缘花样A ① ② ③ ④ ⑤ ⑥ ⑦

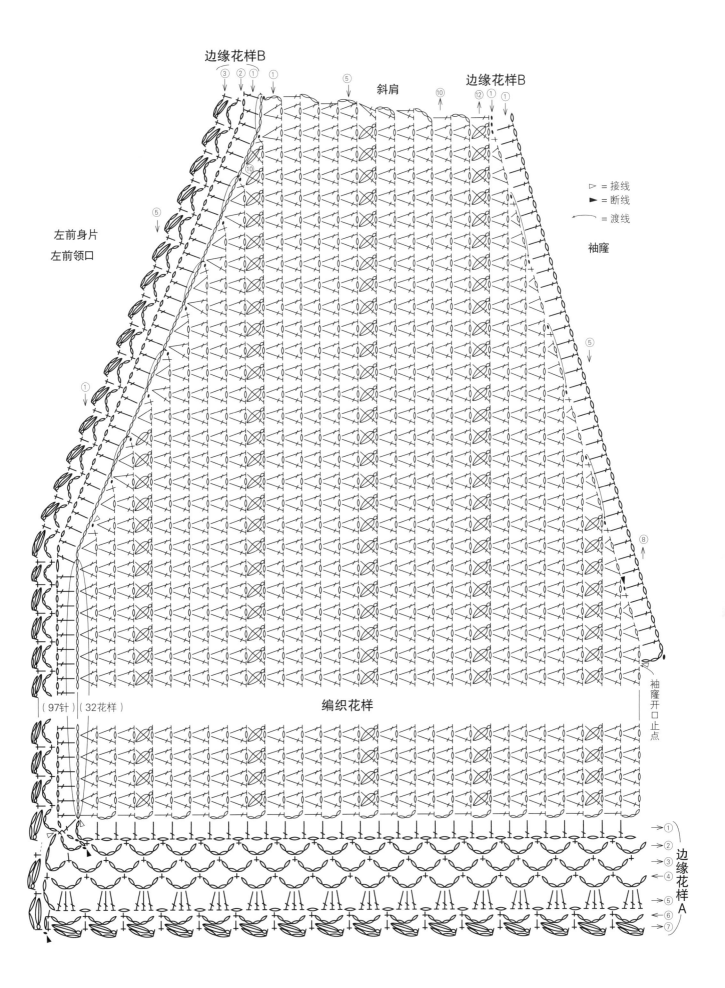

边缘花样B

③ ② ① ① ⑤ 斜肩 ⑩ 边缘花样B ⑫ ① ①

⑩

左前身片
左前领口

⑤

▷ = 接线
► = 断线
⌒ = 渡线

袖窿

①

⑤

⑧

袖窿
开口止
点

(97针)(32花样)

编织花样

①
②
③ 边缘花样A
④
⑤
⑥
⑦

准备材料▶

No.16、17
p.20、21

作品16：和麻纳卡 AMERRY F
（LAME）巧克力灰色（611）195g/7
团

作品17：和麻纳卡 AMERRY F（粗）
绿松石色（528）195g/7 团

使用工具▶ 钩针4/0 号

成品尺寸▶ 胸围99cm，衣长
54.25cm，连肩袖长26.75cm

编织密度▶ 花片A 19cm×16.5cm，
花片B 9.5cm×5.5cm

编织要点▶身片 花片 A、A'、A" 1~23
编织锁针起针，环形编织。身片的下摆
做花片C 24~29。花片B、B'、B"30~97
环形起针。分别按照图解上标好的顺序
编织。**组合** 下摆、领子整理出花片之
间的一行（不计行数）来挑针，环形做
边缘花样。袖口从前、后袖窿挑针，做
做边缘花样。

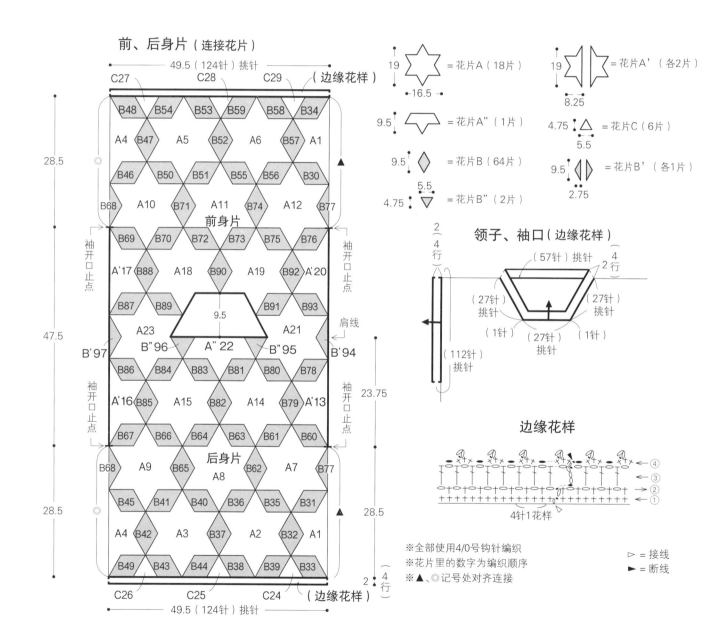

74

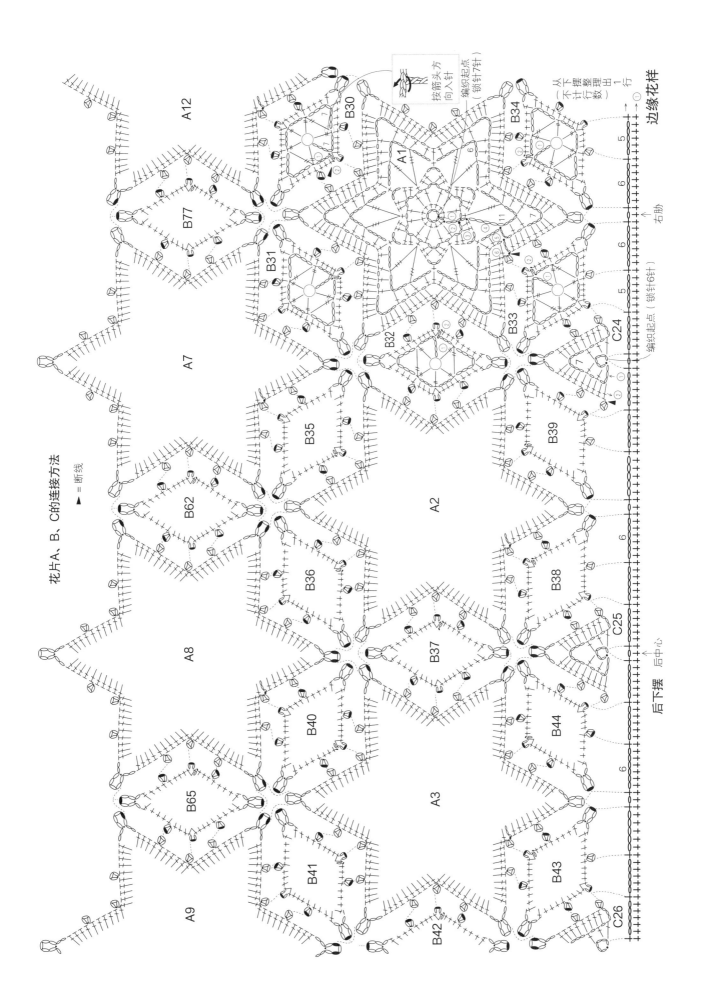

花片A、B、C的连接方法

▶ = 断线

A12

A1

B30

B77

B31

A7

B34

B32

B33

C24

B35

B39

B62

A2

B36

B38

C25

A8

B37

A3

B65

B40

B44

B41

A9

B42

B43

C26

边缘花样

右胁

后下摆 后中心

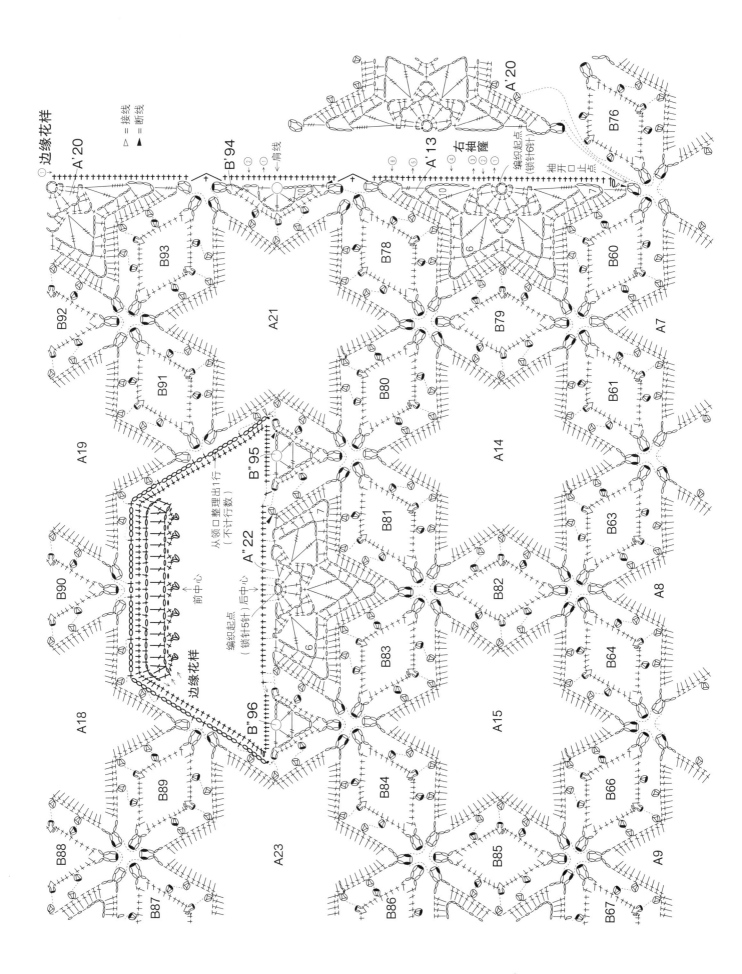

边缘花样

A'20

△ = 接线
▲ = 断线

B'94

② ② ← 肩线
① ←

A'13

A'20

右袖隆

编织起点
(锁针6针)

袖开口止点

B76

B93

A21

B78

B60

B92

B79

A7

B91

B80

B61

A19

B'95

A14

B63

从领口整理出1行
(不计行数)

B81

B90

B82

A8

前中心

A"22

B83

边缘花样

B64

编织起点
(锁针5针)后中心

B"96

A15

A18

B84

B66

B89

A23

B85

A9

B88

B86

B87

B67

边缘花样

No. 18
p.22

准备材料▶ 和麻纳卡 MOHAIR 灰调浅绿色（101）130g/6 团

使用工具▶ 钩针 4/0 号

成品尺寸▶ 胸围 100cm，肩宽 39cm，衣长 53.5cm

编织密度▶ 10cm×10cm 面积内：编织花样 25.5 针，10 行

编织要点▶身片 编织锁针起针，从胁线开始编织。完成袖窿的加针后，利用另线起 41 针锁针，（从另线锁针）挑针并参照图解继续编织。前领口完成减针后，参照图解做加针。接下来起 24 针锁针，从锁针挑针继续编织。**组合** 肩部、两胁做卷针缝缝合。下摆环形做边缘花样 A。领子、袖口环形做边缘花样 B。

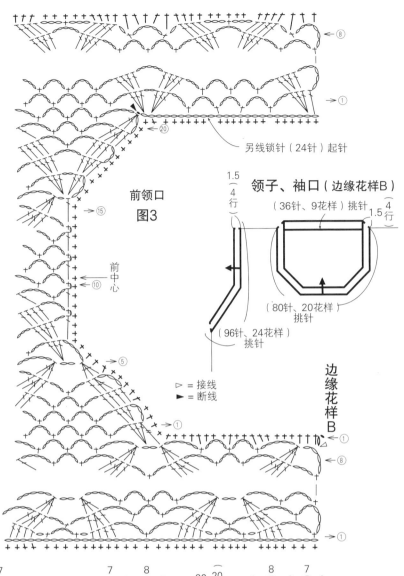

前领口
图3

另线锁针（24针）起针

▷ = 接线
► = 断线

领子、袖口（边缘花样B）
（36针、9花样）挑针

1.5（4行）

（80针、20花样）挑针

（96针、24花样）挑针

边缘花样B

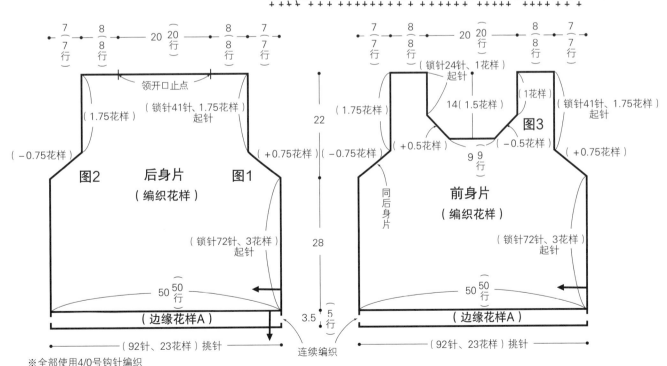

7/7行　8/8行　20/20行　8/8行　7/7行

领开口止点

（锁针41针、1.75花样）起针

（1.75花样）

（-0.75花样）

图2　**后身片**（编织花样）　图1

（+0.75花样）

（锁针72针、3花样）起针

50/50行

（边缘花样A）

（92针、23花样）挑针

7/7行　8/8行　20/20行　8/8行　7/7行

（锁针24针、1花样）起针

14（1.5花样）

（1.75花样）

（+0.5花样）　（-0.5花样）

9/9行

（1花样）

（锁针41针、1.75花样）起针

22

同后身片

28

3.5（5行）

连续编织

（-0.75花样）

（+0.75花样）

前身片（编织花样）

（锁针72针、3花样）起针

50/50行

（边缘花样A）

（92针、23花样）挑针

※全部使用4/0号钩针编织

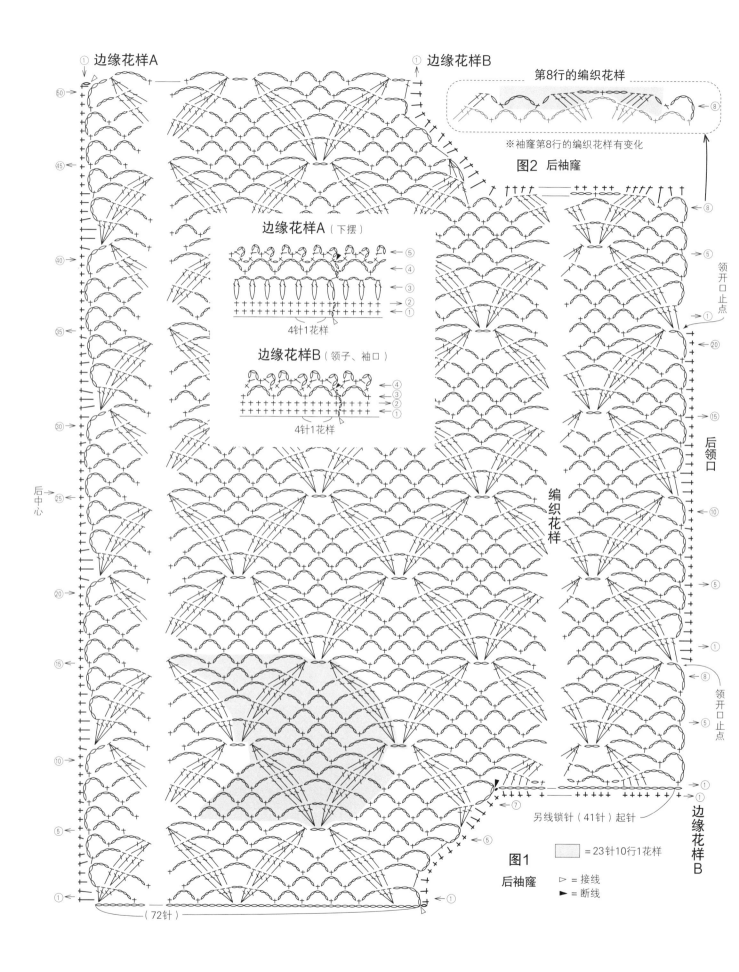

① 边缘花样A

① 边缘花样B

第8行的编织花样

图2 后袖窿

※袖窿第8行的编织花样有变化

边缘花样A（下摆）

← ⑤
← ④
← ③
→ ②
→ ①

4针1花样

边缘花样B（领子、袖口）

← ④
→ ③
→ ②
→ ①

4针1花样

领开口止点

→ ①
← ⑳
后领口
← ⑮
← ⑩
← ⑤
→ ①
领开口止点
→ ⑤

编织花样

后中心

← ⑦

另线锁针（41针）起针

图1

后袖窿

□ = 23针10行1花样

▷ = 接线
► = 断线

边缘花样B

→ ①
→ ①

（72针）

← ①

50
45
40
35
30
25
20
15
10
5
1

78

No.19
p.23

准备材料▶ 和麻纳卡 AMERRY F（LAME）红色（610）360g/12 团，直径 20mm 的纽扣 6 枚

使用工具▶ 钩针 3/0 号

成品尺寸▶ 胸围 103.5cm，连肩袖长 70.25cm，衣长 55.5cm，袖长 45cm

编织密度▶ 10cm×10cm 面积内：编织花样 A 25.5 针，14 行；编织花样 B 25.5 针，13 行

编织要点▶ 身片、袖子 编织锁针起针，做 14 行编织花样 A，接下来做编织花样 B。参照图解做加减针。组合 肩部做卷针缝缝合，两胁、袖下钩织引拔针和锁针接合。下摆、前门襟、领子环形做边缘花样。袖子钩织引拔针和锁针接合到身片上。

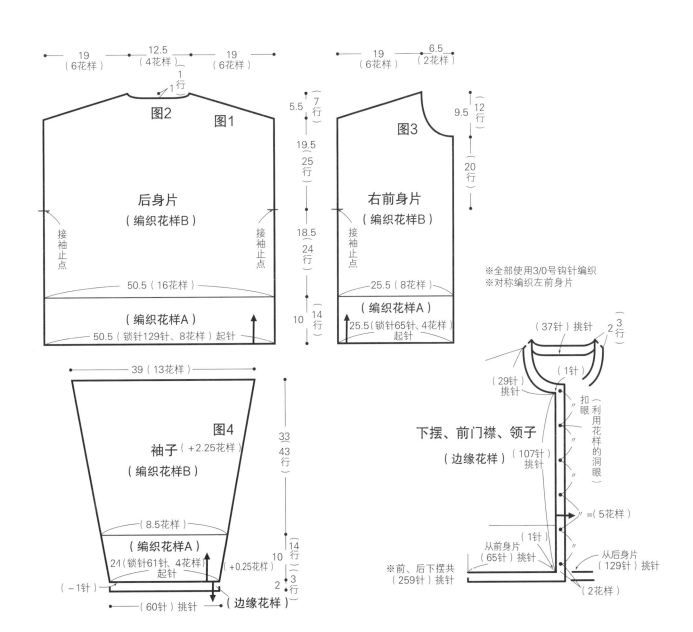

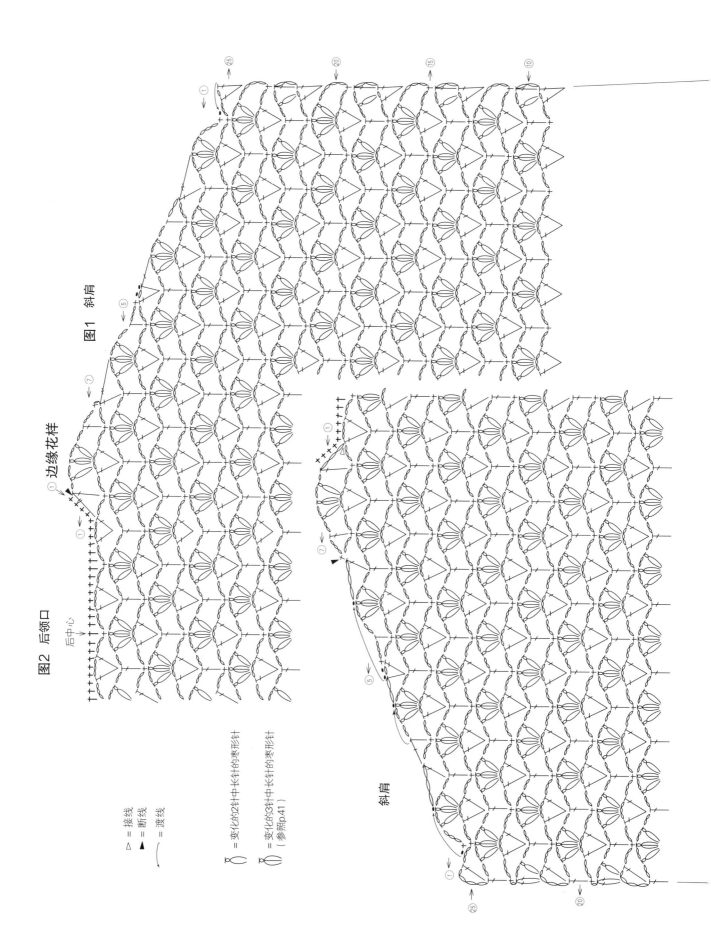

图2 后领口

图1 斜肩

① 边缘花样

后中心

斜肩

斜肩

△ = 接线

▲ = 断线

⌒ = 渡线

= 变化的2针中长针的枣形针

= 变化的3针中长针的枣形针（参照p.41）

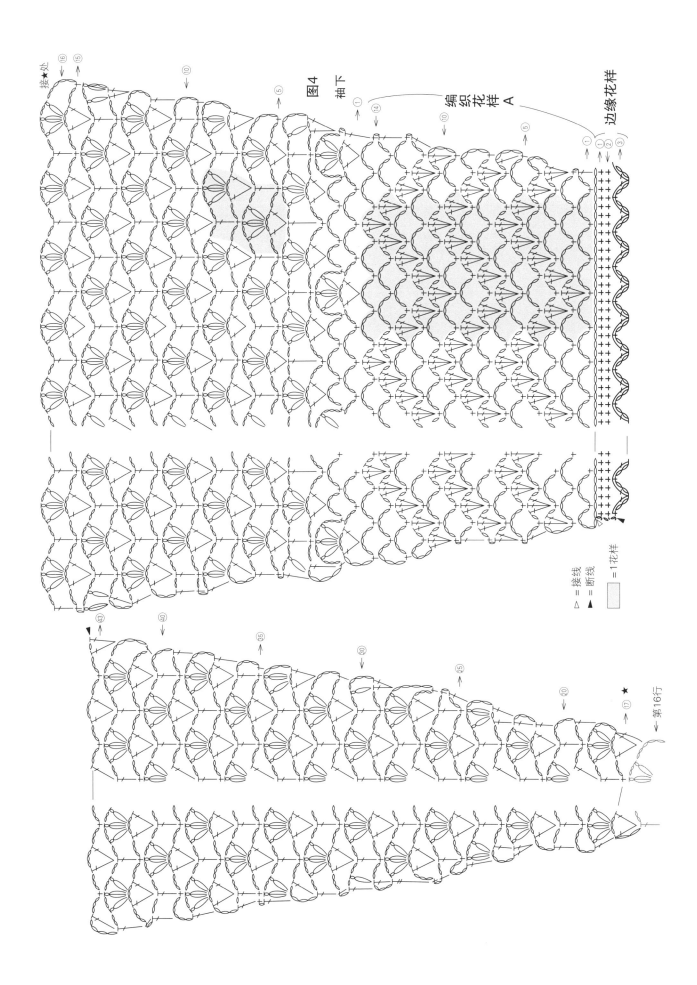

接★处

编织花样A

边缘花样

图4

袖下

△ = 接线
▲ = 断线
▢ = 1花样

第16行

82

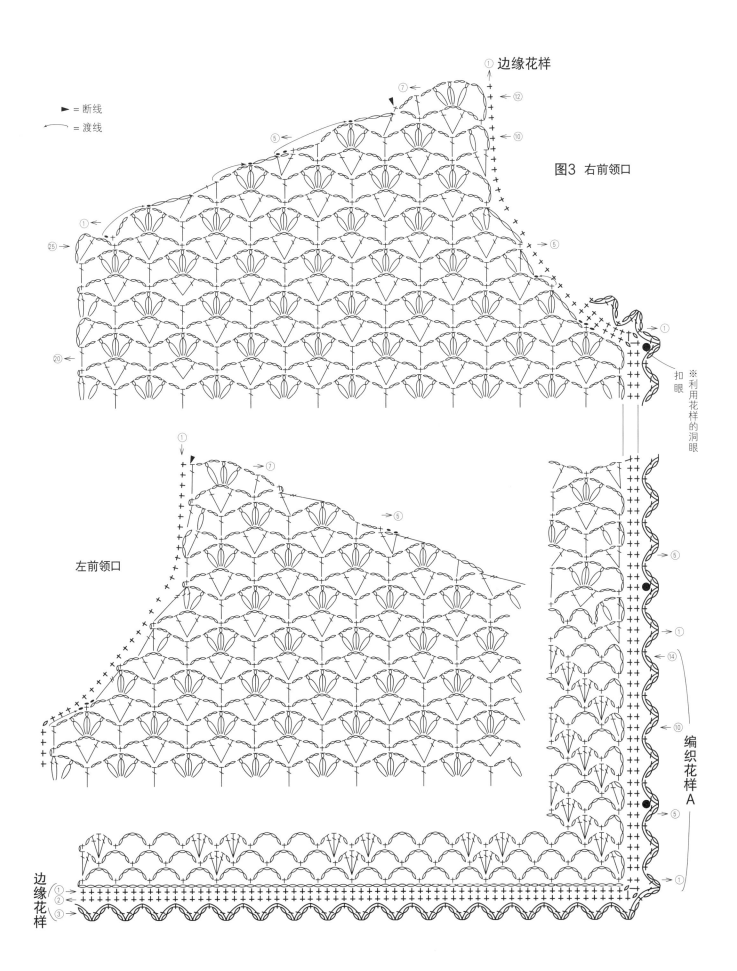

① 边缘花样

图3 右前领口

► = 断线

⌒ = 渡线

左前领口

※利用花样的洞眼

扣眼

编织花样A

边缘花样

No.22
p.26

准备材料▶ 和麻纳卡 AMERRY F（LAME）巧克力灰色（611）140g/5 团，直径 13mm 的纽扣 8 枚

使用工具▶ 钩针 4/0 号

成品尺寸▶ 胸围 86.5cm，衣长 48cm，连肩袖长 20.5cm

编织密度▶ 编织花样 B 1 花样 9cm，10cm13 行

编织要点▶育克、身片 编织锁针起针。育克参照图解对编织花样 A 做分散加针。接下来右前身片编织 10 行，暂时休针。后身片重新接上线团，做 8 行编织花样 A、10 行编织花样 B，钩 14 针锁针与右前身片引拔连接后断线。左前身片参照右前身片对称编织，钩 14 针锁针与后身片引拔连接后断线。用休针的线，不加针不减针做前、后身片的编织花样 B，下摆做边缘花样 A。

组合 领子做边缘花样 B，袖口做边缘花样 C。前门襟做短针的棱针花样，左前门襟留出扣眼。右前门襟缝上纽扣就完成了。

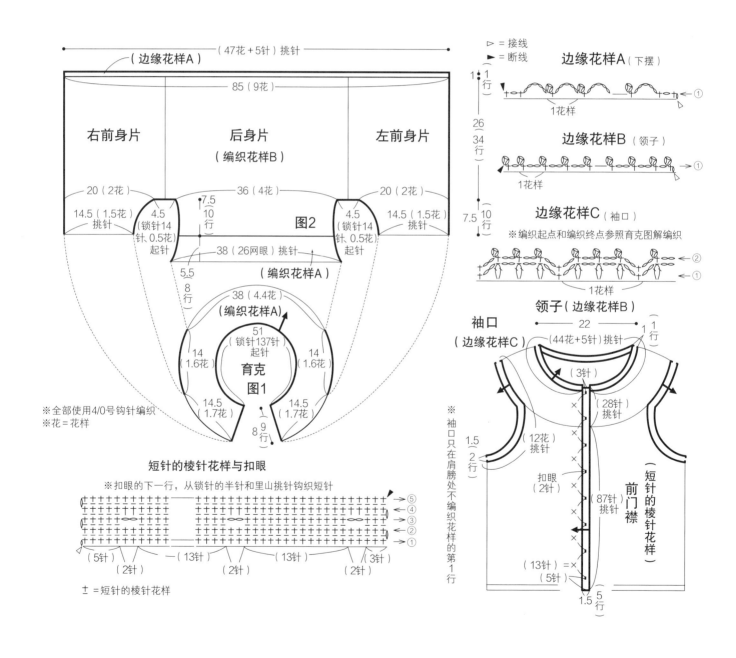

84

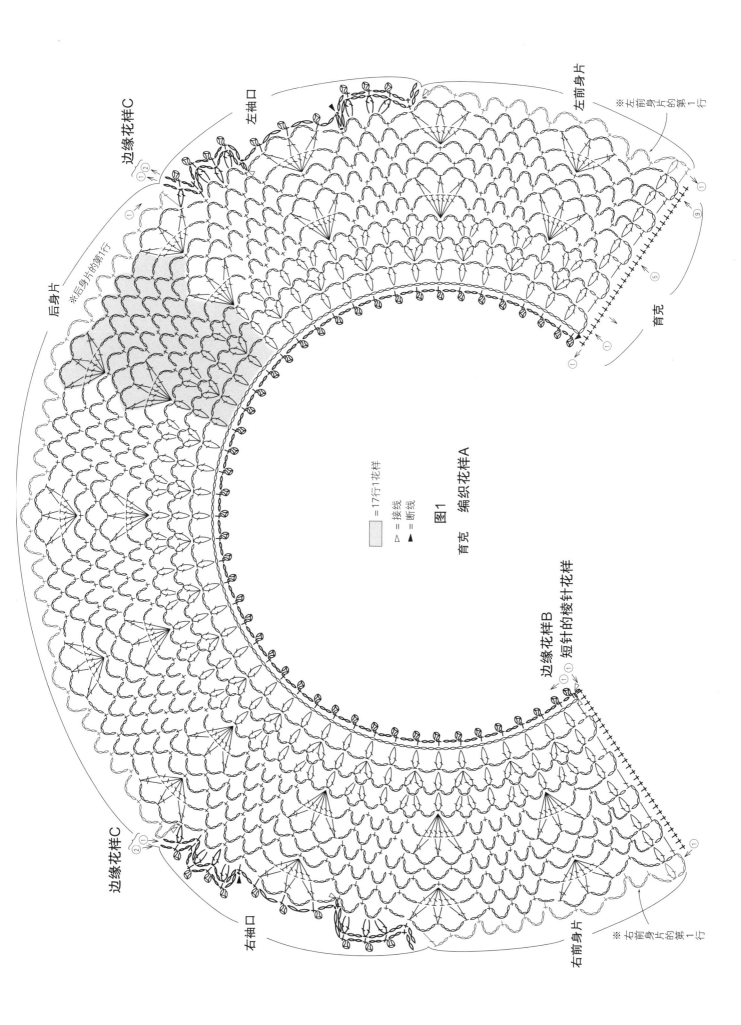

边缘花样C

左袖口

后身片

边缘花样C

右袖口

□ =17行1花样

□ =接线
▲ =断线

图1 编织花样A

育克 编织花样A

边缘花样B 短针的棱针花样

左前身片

※左前身片的第1行

育克

右前身片

※右前身片的第1行

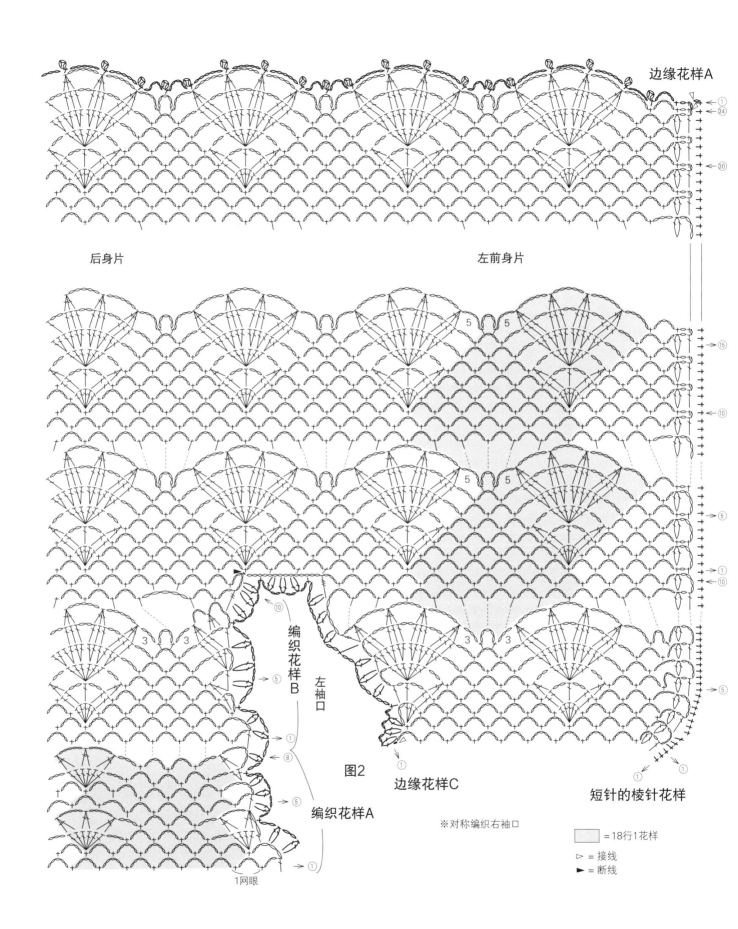

边缘花样A

后身片

左前身片

编织花样B

左袖口

图2

编织花样A

1网眼

边缘花样C

短针的棱针花样

※对称编织右袖口

= 18行1花样

▷ = 接线

► = 断线

No.**20**
p.24

准备材料▶ 和麻纳卡 MOHAIR GLASS
深绿色（6）215g/9 团

使用工具▶ 钩针 6/0 号

成品尺寸▶ 胸围 96cm，肩宽 44cm，
衣长 49cm

编织密度▶ 1 花样（18 针）8cm，
10cm 9 行

编织要点▶身片 编织锁针起针，先做前身片的编织花样。注意袖窿的第16~18 行花样有变化。后身片的最后一行，同时做肩部的接合和后领开口。
组合 下摆做边缘花样 A。两胁从下摆开衩止点钩织引拔针和锁针接合。领子往返编织，袖口环形编织，分别做边缘花样 B。领子在前中心做藏针缝。

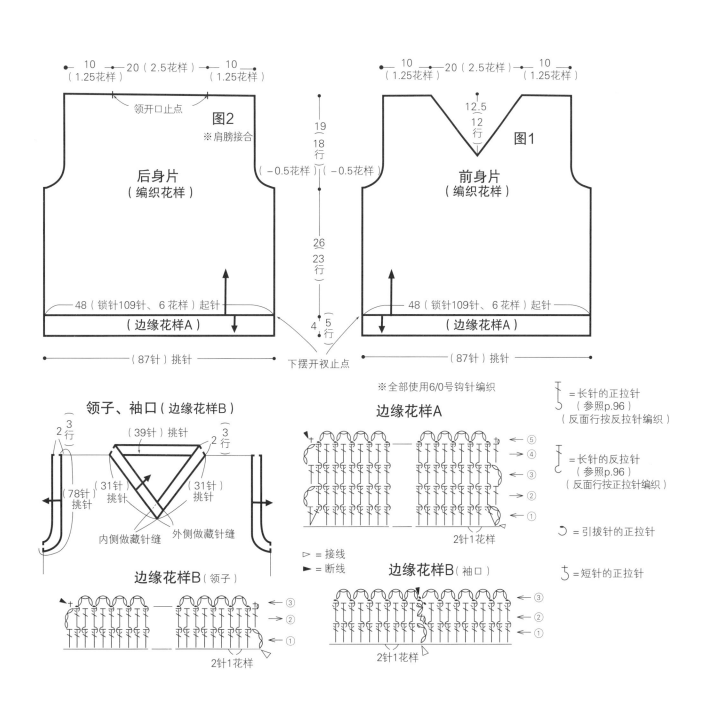

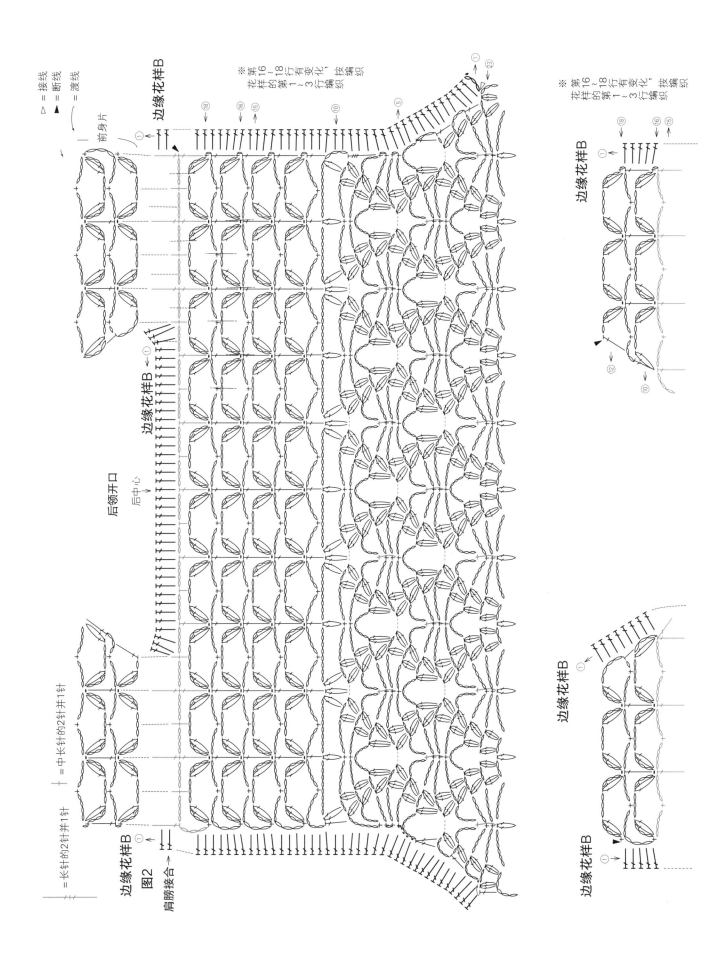

边缘花样B

※第16~18行有变化，花样的第1~3行编织，按图编织

边缘花样B

边缘花样B

▷ = 接线
▲ = 断线
　 = 渡线

前身片

后领开口

后中心

图2

肩膀接合

边缘花样B

＝长针的2针并1针
＝中长针的2针并1针

※第16~18行有变化，花样的第1~3行编织，按图编织

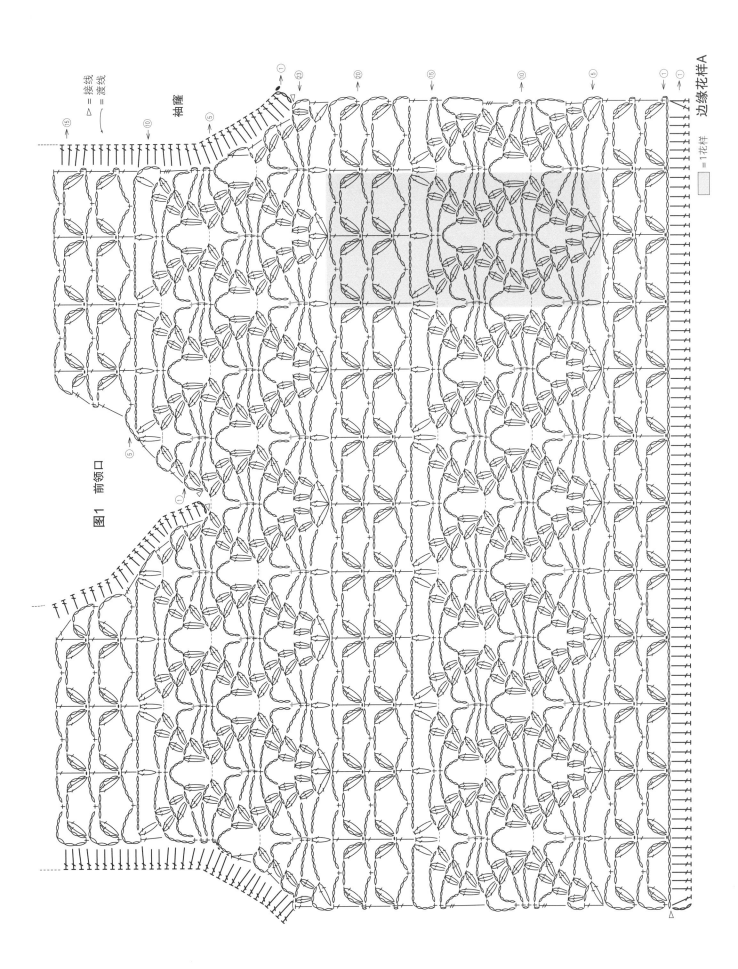

图1 前领口

袖窿

△ = 接线

─ = 渡线

⑮

⑩

⑤

①

①

⑤

⑩

⑮

⑳

㉓

①

①

= 1花样

□ = 1花样 边缘花样A

No.21
p.25

准备材料▶ 和麻纳卡 AMERRY F（粗）藏蓝色（514）55g/2 团，白色（501）、浅蓝色（512）、深蓝色（513）各 20g/1 团，黄色（502）15g/1 团

使用工具▶ 钩针 4/0 号

成品尺寸▶ 胸围 82.5cm，肩宽 33cm，衣长 47.5cm

编织密度▶ 花片 A、B、C 9.5cmx8.25cm

编织要点▶ 编织 4 针锁针起针，环形编织，一边配色一边钩织花片。从第 2 片花片开始，最后一圈都与相邻花片连接。

前、后身片（连接花片）

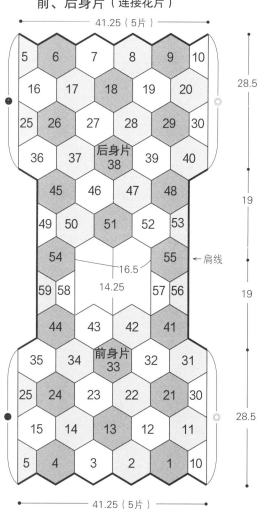

花片的配色

花片		第1圈	第2圈	第3圈	第4、5圈	数量
A		黄色	藏蓝色	深蓝色	藏蓝色	19片
B		黄色	藏蓝色	浅蓝色	藏蓝色	17片
C		黄色	藏蓝色	白色	藏蓝色	17片
D		黄色	藏蓝色	白色	藏蓝色	3片
E		黄色	藏蓝色	浅蓝色	藏蓝色	3片

花片A、B、C

花片D、E

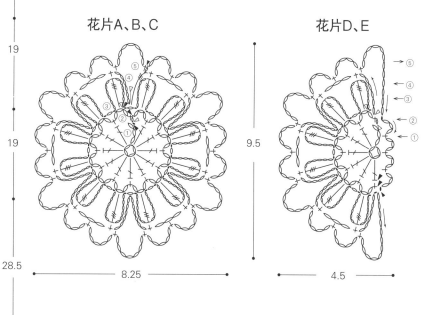

※全部使用4/0号钩针编织
※花片里的数字为编织顺序
※●、◎记号处连续编织

▷ = 接线
► = 断线

领口

后中心

前中心

花片的连接方法

中心

胁

No.23
p.27

准备材料▶ 和麻纳卡 纯毛中细 红色（10）210g/6团

使用工具▶ 钩针 3/0 号

成品尺寸▶ 胸围 95cm，衣长 52.5cm，连肩袖长 26cm

编织密度▶ 10cm×10cm 面积内：编织花样 30 针，12 行

编织要点▶身片 编织锁针起针，按照花片❶～❺指定的片数编织。参照图解，编织条状枣形针对花片进行连接，条状枣形针的最后一行将线尾抽紧打结。

组合 肩部从前、后身片挑针，分别编织网眼花样，在第 5 行将前、后身片的肩部连接起来。两胁做卷针缝缝合。下摆环形做边缘花样 A。领子、袖口环形做边缘花样 B。

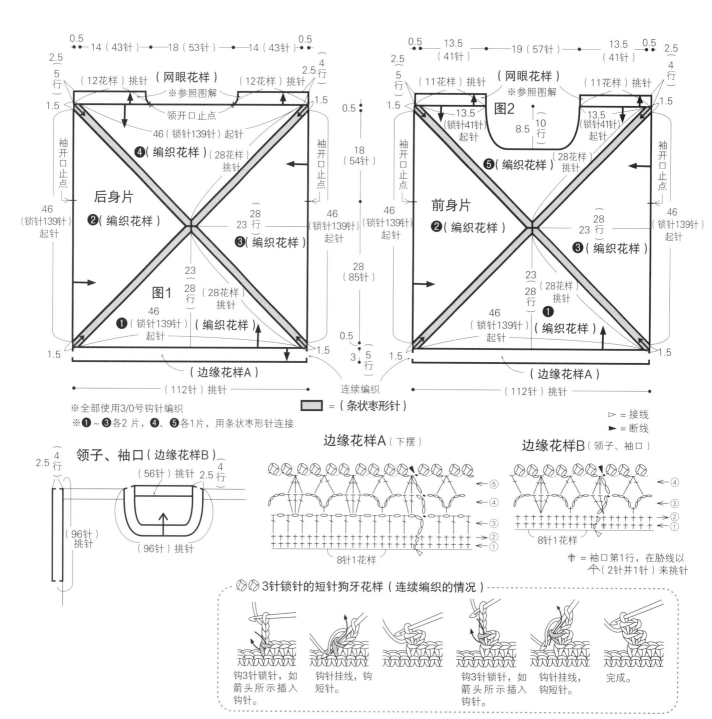

※全部使用3/0号钩针编织
※❶～❸各2片，❹、❺各1片，用条状枣形针连接
▢ = （条状枣形针）
▷ = 接线
► = 断线

领子、袖口（边缘花样B）

边缘花样A（下摆） 8针1花样

边缘花样B（领子、袖口） 8针1花样
✝ = 袖口第1行，在胁线以 ✝（2针并1针）来挑针

◇◇3针锁针的短针狗牙花样（连续编织的情况）

钩3针锁针，如箭头所示插入钩针。

钩针挂线，钩短针。

钩3针锁针，如箭头所示插入钩针。

钩针挂线，钩短针。

完成。

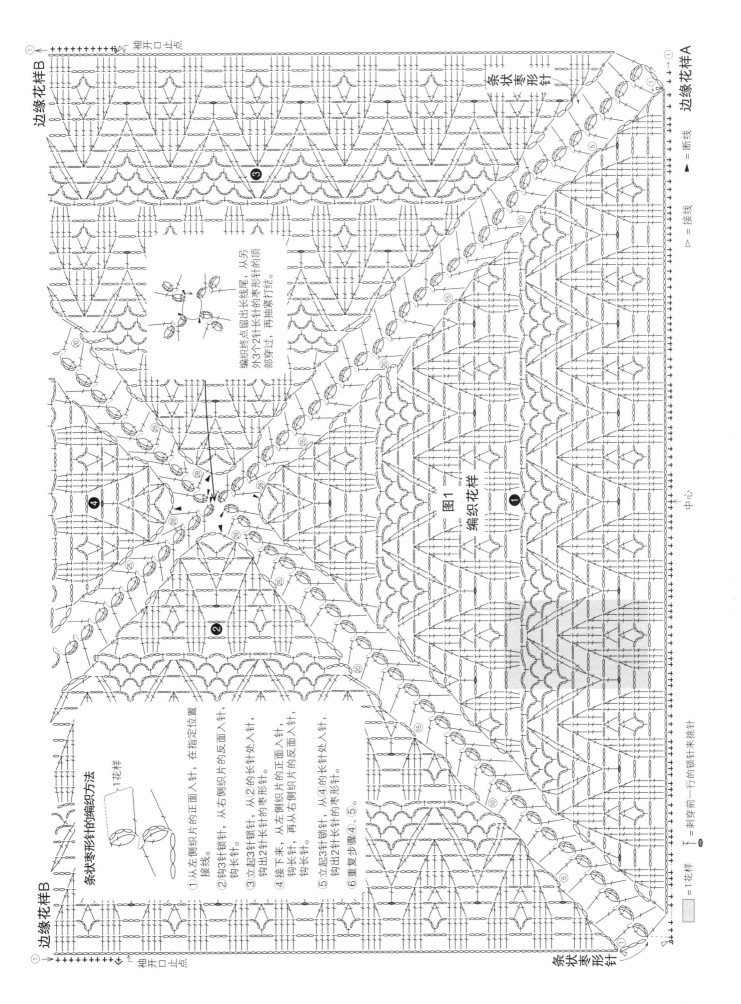

边缘花样B

袖开口止点

条状枣形针

编织终点处留出长线线尾，从另
外3个长针的枣形针的顶
部穿过，再抽紧打结。

边缘花样B

条状枣形针的编织方法

1花样

接线

①从左侧织片的正面入针，在指定位置
接线。
②钩3针锁针，从右侧织片的反面入针，
钩长针。
③立起3针锁针，从②的长针处入针，
钩出2针长针的枣形针。
④接下来，从左侧织片的正面入针，
钩长针，再从右侧织片的反面入针，
钩长针。
⑤立起3针锁针，从④的长针处入针，
钩出2针长针的枣形针。
⑥重复步骤④、⑤。

图1

编织花样

条状枣形针

袖开口止点

边缘花样B

中心

条状
枣形
针

边缘花样A

▲ = 断线

▷ = 接线

= 刺穿前一行的锁针来挑针

= 1花样

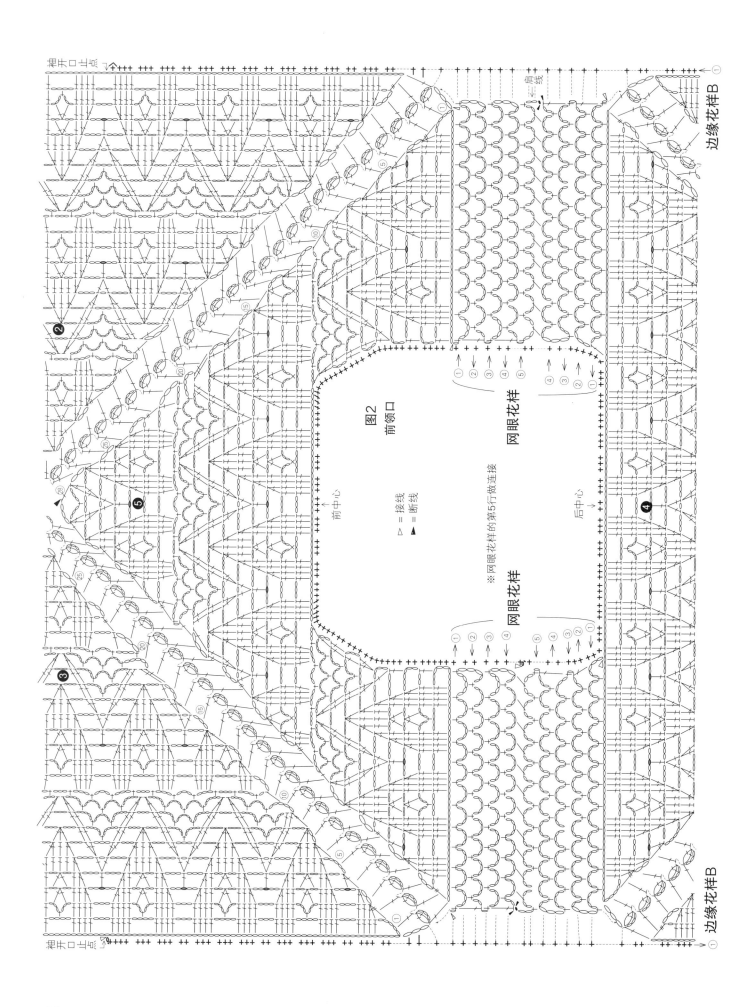

图2
前领口

□ = 接线
▲ = 断线

前中心

后中心

网眼花样

网眼花样

※网眼花样的第5行做连接

边缘花样B

边缘花样B

No.**24**
p.28

准备材料▶ 和麻纳卡 SONOMONO
HAIRY 褐色（123）50g/2 团,米色（122）、
浅灰色（124）各 35g/2 团
使用工具▶ 钩针 6/0 号
成品尺寸▶ 宽 22cm，长 125cm
编织密度▶ 10cm×10cm 面积内：
条纹配色的编织花样 21.5 针，11.5 行

编织要点▶ 从围巾的中间编织锁针
起针，做 11 行条纹配色的编织花样。
从起针行的锁针挑针，往相反方向做
11 行条纹配色的编织花样，沿着最后
一行做四周的边缘花样。

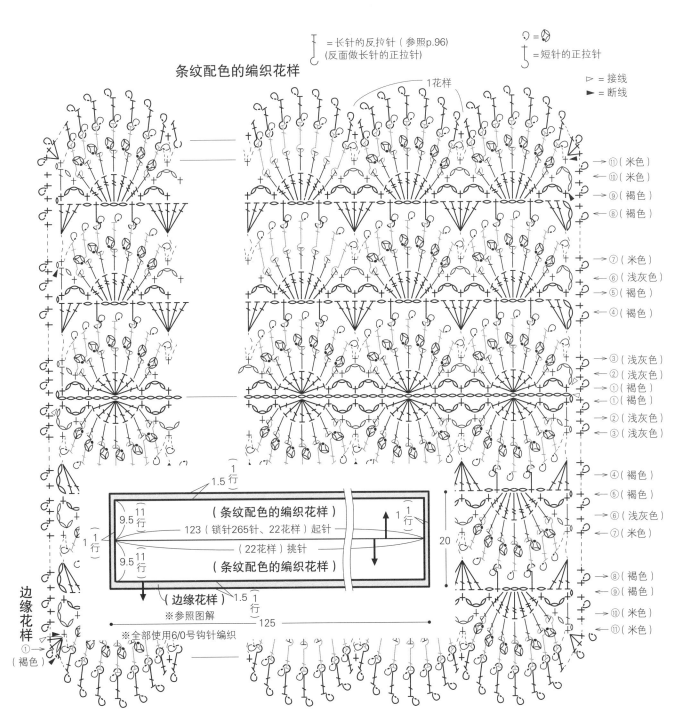

条纹配色的编织花样

95

No.25
p.29

准备材料▶　和麻纳卡 MOHAIR GLASS
藏蓝色（7）185g/8 团
使用工具▶　钩针 6/0 号
成品尺寸▶　宽 35cm，长 129cm
编织密度▶　10cm×10cm 面积内：
编织花样 24 针，9 行

编织要点▶　编织锁针起针，不加针不
减针做 113 行编织花样。上端和下端
做边缘花样 A。两侧做边缘花样 B。

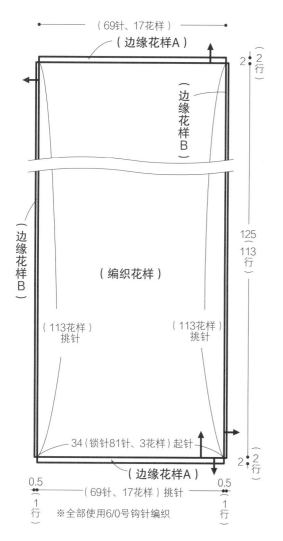

（69针、17花样）
（边缘花样A）

（边缘花样B）

（边缘花样B）

（编织花样）

（113花样）
挑针

（113花样）
挑针

2 2
行

125
（113
行）

34（锁针81针、3花样）起针

（边缘花样A）

2 2
行

0.5
（69针、17花样）挑针
0.5

1 1
行 行

※全部使用6/0号钩针编织

▶编织花样图解见 p.99

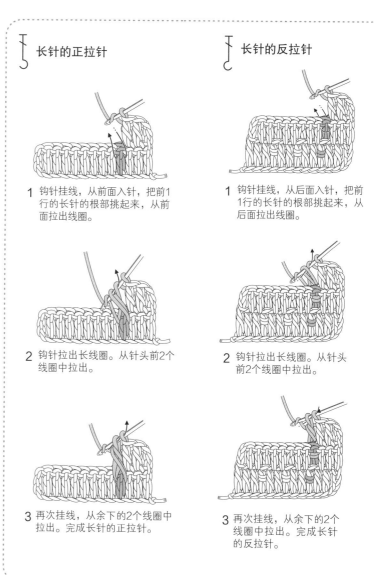

长针的正拉针

1 钩针挂线，从前面入针，把前1
行的长针的根部挑起来，从前
面拉出线圈。

2 钩针拉出长线圈。从针头前2个
线圈中拉出。

3 再次挂线，从余下的2个线圈中
拉出。完成长针的正拉针。

长针的反拉针

1 钩针挂线，从后面入针，把前
1行的长针的根部挑起来，从
后面拉出线圈。

2 钩针拉出长线圈。从针头
前2个线圈中拉出。

3 再次挂线，从余下的2个
线圈中拉出。完成长针
的反拉针。

No.28
p.31

准备材料▶ 和麻纳卡 AMERRY F（LAME）孔雀绿色（515）60g/2 团，胡萝卜橙色（506）20g/1 团
和麻纳卡 AMERRY 驼色（8）50g/2 团，深红色（5）30g/1 团
和麻纳卡 帆布网格 白色（H-202-226-1）3 片、绿色 2 片，和麻纳卡 圆形磁扣（18mm）1 组

使用工具▶ 毛线缝针

成品尺寸▶ 宽 38cm，高 26cm（不含提手）

编织要点▶ 按照图解要求的尺寸裁好指定数量的帆布网格。分别在侧面、底部、提手和搭扣处进行刺绣。侧面在侧边重叠 2 格，一边按花样刺绣一边缝合在一起。侧面和底部合拢做卷针缝缝合，对包口做卷针缝包边。将提手重叠在连接的位置上，用回针缝固定。往搭扣处缝上磁扣，按照搭扣在侧面的连接位置，从包口外侧做卷针缝缝合。

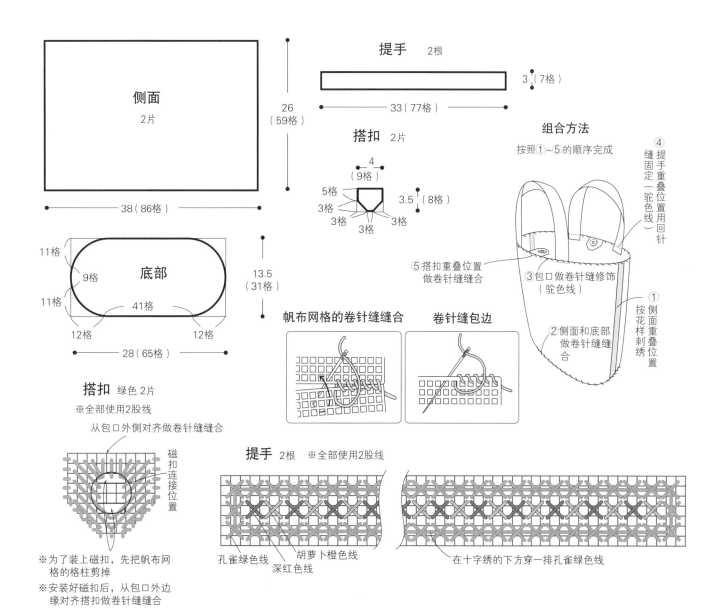

侧面 2片

26（59格）

38（86格）

底部
11格
9格
11格
41格
12格　12格
28（65格）

13.5（31格）

搭扣 绿色 2片
※全部使用2股线
从包口外侧对齐做卷针缝缝合
磁扣连接位置

※为了装上磁扣，先把帆布网格的格柱剪掉
※安装好磁扣后，从包口外边缘对齐搭扣做卷针缝缝合

提手 2根
33（77格）
3（7格）

搭扣 2片
4（9格）
5格
3格
3格
3格
3.5（8格）
3格

帆布网格的卷针缝缝合

卷针缝包边

提手 2根　※全部使用2股线
孔雀绿色线
胡萝卜橙色线
深红色线
在十字绣的下方穿一排孔雀绿色线

组合方法
按照①~⑤的顺序完成

④提手重叠位置缝固定（驼色线）用回针

⑤搭扣重叠位置做卷针缝缝合

③包口做卷针缝修饰（驼色线）

②侧面和底部做卷针缝缝合

①按花样重叠位置侧面重叠位置刺绣

底部

驼色线，单股

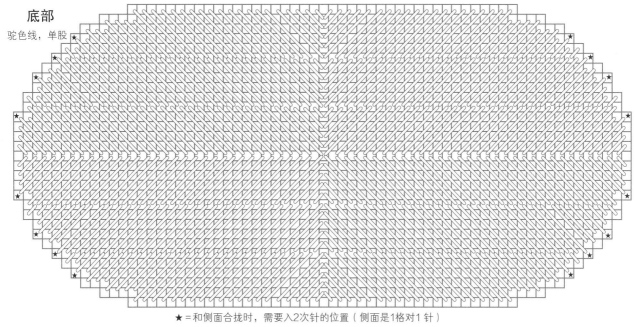

★ = 和侧面合拢时，需要入2次针的位置（侧面是1格对1针）

No.25

↑ = 长针的正拉针（参照p.96）
（反面做长针的反拉针）

▨ = 1花样　▷ = 接线　▶ = 断线

边缘花样B

边缘花样A

边缘花样B

1花样

编织花样

26针
16行
1花样

边缘花样A

4针1花样

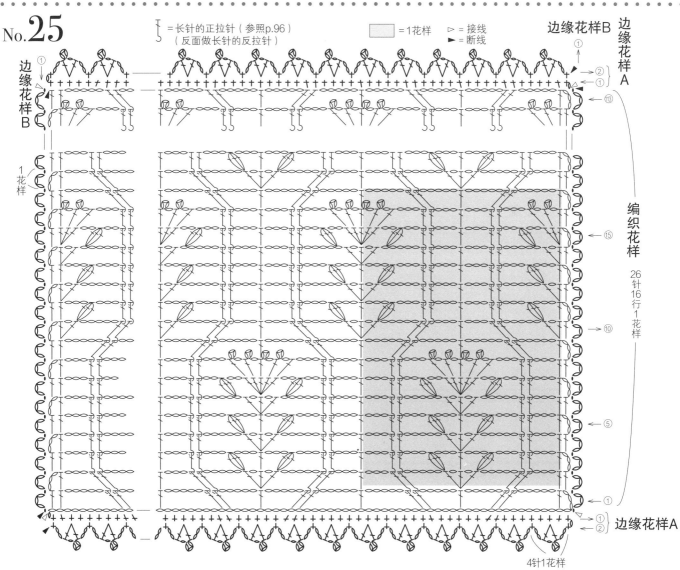

缝合方法

②沿着蝴蝶结的固定部分的周围缝合固定

③将蝴蝶结的主体部分的下侧角缝合固定

①从反面捏出10圈褶皱，将蝴蝶结对齐位置，缝合固定

※全部使用7/0号钩针编织

帽子主体

（6针）

共（+72针）参照图解（短针）

18.5　30圈

（编织花样）　4.5　6圈

56（78针）

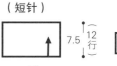

蝴蝶结的主体部分（短针）

7.5　12行

13（锁针20针）起针

蝴蝶结的固定部分（短针）

4.5　7行

10（锁针14针）起针

短针

蝴蝶结的制作方法

蝴蝶结的固定部分

主体部分的蝴蝶结

将蝴蝶结的固定部分绕主体部分一圈，然后做卷针缝固定。

准备材料▶　和麻纳卡 LUNA MOLE
紫色系（16）110g/3 团

使用工具▶　钩针 7/0 号

成品尺寸▶　头围 56cm，帽深 23cm

编织密度▶　10cm×10cm 面积内：
编织花样 14 针，16 行

编织要点▶　帽子主体部分环形起针，编织 30 圈短针，同时参照图解做加针。然后换编织花样钩 6 圈。蝴蝶结的主体部分和固定部分编织锁针起针，做短针。从背面一处捏住帽子主体第 21 至 30 圈这 10 圈，将蝴蝶结对齐捏褶，缝合固定。将蝴蝶结的固定部分缝在捏褶处的外侧，完成。

←⑥
←⑤
编织花样
←①
←③0
←②0

╪ =往3行之下的短针入针编织

▨ =1花样

短针的加针

圈数	针数	加针
19~30圈	78针	—
18圈	78针	+6针
15~17圈	72针	—
14圈	72针	+6针
12,13圈	66针	—
11圈	66针	+6针
10圈	60针	+6针
9圈	54针	+6针
8圈	48针	+6针
7圈	42针	+6针
6圈	36针	+6针
5圈	30针	+6针
4圈	24针	+6针
3圈	18针	+6针
2圈	12针	+6针
1圈	6针	—

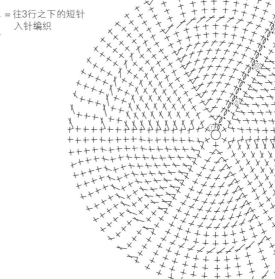

短针

No.27
p.30

准备材料▶ 和麻纳卡 DINA 胭脂红色
系段染（7）50g/2 团

使用工具▶ 钩针 5/0 号

成品尺寸▶ 头围 56cm，帽深 23cm

编织密度▶ 10cm×10cm 面积内：
编织花样 16 针，11 行

编织要点▶ 编织锁针起针，钩 21 圈
编织花样，同时参照图解做分散减针。
将线尾穿过余下的 24 针，抽紧打结。
从起针处的锁针挑针，钩 5 圈边缘花样。

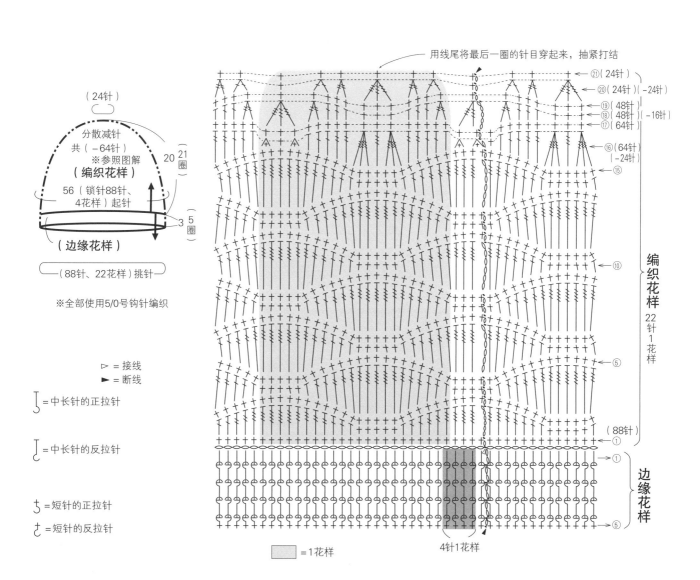

用线尾将最后一圈的针目穿起来，抽紧打结

（24针）

分散减针
共（−64针）
※参照图解
（**编织花样**）

56（锁针88针、
4花样）起针

（**边缘花样**）

（88针、22花样）挑针

※全部使用5/0号钩针编织

▷ = 接线
► = 断线

⌇ = 中长针的正拉针

⌐ = 中长针的反拉针

ﺱ = 短针的正拉针

ﺵ = 短针的反拉针

㉑（24针）
⑳（24针）（−24针）
⑲（48针）
⑱（48针）（−16针）
⑰（64针）
⑯（64针）（−24针）
⑮
⑩
⑤
（88针）①

编织花样
22针
1花样

①
①
⑤

边缘花样

▢ =1花样

4针1花样

No.29
p.31

准备材料▶ 和麻纳卡 PICCOLO
作品 a：芥末黄色（27）20g、原白色（2）
15g、灰色（50）25g/ 各1团
作品 b：贝壳粉色（45）20g、灰调粉色（39）
15g、红色（55）25g/ 各1团
作品 c：珊瑚粉色（47）20g、原白色（2）
15g、藏蓝色（36）25g/ 各1团

使用工具▶ 钩针4/0号

成品尺寸▶ 侧围42.5cm，高16.5cm

编织密度▶ 10cm×10cm 面积内：
条纹配色花样23.5针，34行

编织要点▶ 底部环形起针，编织18
圈，同时做加针。接下来编织侧面的
36圈，做条纹配色花样。在编织花样
的第1行减4针，然后继续做编织花
样和边缘花样。编织2根包绳，按穿
绳位置穿好，然后与绳穗连接固定。

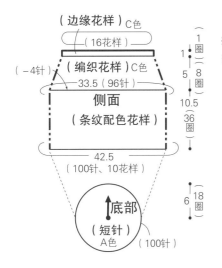

※全部使用4/0号钩针编织

※除了包绳外，都是单股编织

配色表

	A色	B色	C色
a	芥末黄色	原白色	灰色
b	贝壳粉色	灰调粉色	红色
c	珊瑚粉色	原白色	藏蓝色

包绳（锁针） C色 双股 制作2根

45（110针）起针

※编织起点和编织终点各留5cm线尾

绳穗和包绳的连接方式

包绳
包绳从侧面穿过去，再与绳穗连接
绳穗　填充线

挑起绳穗最后一行的半针，穿过线尾，再抽紧打结

成品

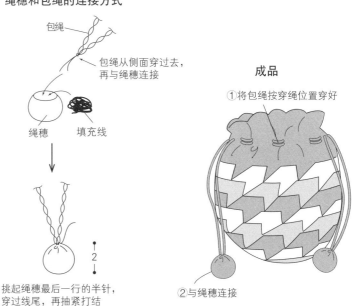

①将包绳按穿绳位置穿好

②与绳穗连接

绳穗 C色 2个

最后一行的线尾留20cm

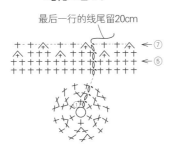

绳穗的加减针

行数	针数	加减针
7行	9针	−3针
6行	12针	−3针
4、5行	15针	——
3行	15针	+3针
2行	12针	+6针
1行	6针	

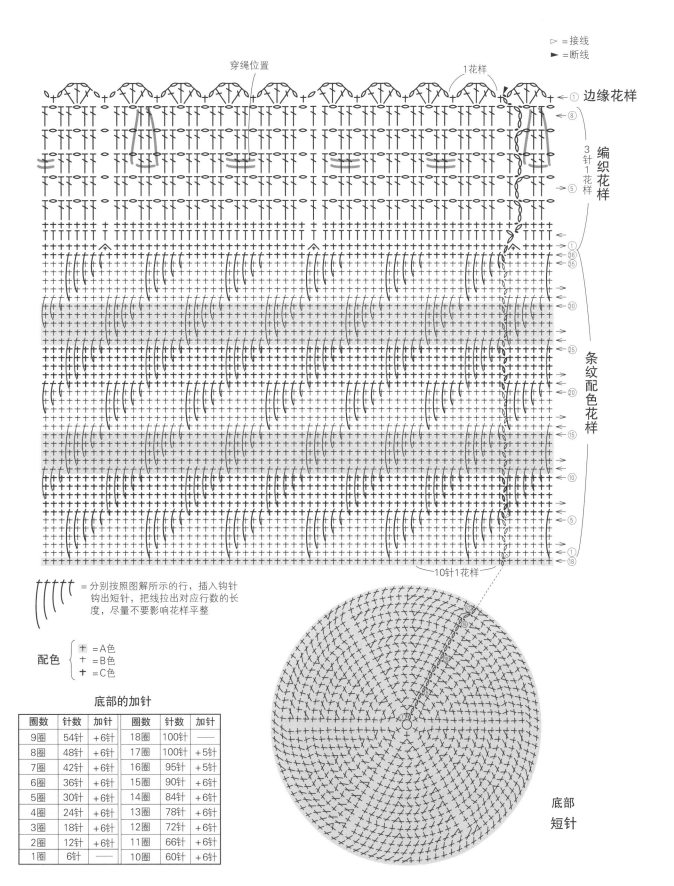

▷ =接线
► =断线

穿绳位置

1花样

①边缘花样

←⑧

3针1花样

编织花样

←⑤

←①
←㊱
←㉟

←㉚

←㉕

条纹配色花样

←⑳

←⑮

←⑩

←⑤

←①
←⑱

├─10针1花样─┤

= 分别按照图解所示的行，插入钩针钩出短针，把线拉出对应行数的长度，尽量不要影响花样平整

配色 ⎰ + =A色
     ⎱ + =B色
     ⎰ + =C色

底部
短针

底部的加针

圈数	针数	加针	圈数	针数	加针
9圈	54针	+6针	18圈	100针	——
8圈	48针	+6针	17圈	100针	+5针
7圈	42针	+6针	16圈	95针	+5针
6圈	36针	+6针	15圈	90针	+6针
5圈	30针	+6针	14圈	84针	+6针
4圈	24针	+6针	13圈	78针	+6针
3圈	18针	+6针	12圈	72针	+6针
2圈	12针	+6针	11圈	66针	+6针
1圈	6针	——	10圈	60针	+6针

严禁复制和出售（无论商店还是网店等任何途径）本书中的作品。

版权所有，翻印必究

备案号：豫著许可备字–2022–A–0092

图书在版编目（CIP）数据

美丽的秋冬手编. 8, 温暖的花样编织 / 日本宝库社编著; 舒舒译. -- 郑州 : 河南科学技术
出版社, 2024. 9. -- ISBN 978-7-5725-1537-8

Ⅰ. TS935.5–64

中国国家版本馆CIP数据核字第2024RY1834号

出版发行：河南科学技术出版社

　　　　　地址：郑州市郑东新区祥盛街27号　　　邮编：450016

　　　　　电话：（0371）65737028　65788613

　　　　　网址：www.hnstp.cn

策划编辑：仝广娜

责任编辑：刘淑文

责任校对：刘逸群

封面设计：张　伟

责任印制：徐海东

印　　刷：徐州绪权印刷有限公司

经　　销：全国新华书店

开　　本：889 mm × 1 194 mm　1/16　　印张：6.5　　字数：200千字

版　　次：2024年9月第1版　　2024年9月第1次印刷

定　　价：49.00元

如发现印、装质量问题，影响阅读，请与出版社联系并调换。